宁夏红寺堡沙地植被恢复实践案例

何兴东　李富英　任建治
张进宝　陈江涛　杨秀峰　路志霞　著

南開大學出版社
天　津

吴新出管字[2020]第33006号

图书在版编目(CIP)数据

宁夏红寺堡沙地植被恢复实践案例 / 何兴东等著
. —天津：南开大学出版社，2020.12
ISBN 978-7-310-05978-2

Ⅰ. ①宁… Ⅱ. ①何… Ⅲ. ①沙漠—植被—生态恢复—研究—吴忠 Ⅳ. ①S156.5

中国版本图书馆CIP数据核字(2020)第228288号

宁夏红寺堡沙地植被恢复实践案例
NINGXIA HONGSIPU SHADI ZHIBEI HUIFU SHIJIAN ANLI

南开大学出版社出版发行
出版人:陈　敬
地址:天津市南开区卫津路94号　　邮政编码:300071
营销部电话:(022)23508339　营销部传真:(022)23508542
http://www.nkup.com.cn

北京建宏印刷有限公司印刷　全国各地新华书店经销
2020年12月第1版　　2020年12月第1次印刷
260×185毫米　16开本　7印张　4插页　173千字
定价:98.00元

如遇图书印装质量问题,请与本社营销部联系调换,电话:(022)23508339

序

沙漠化是干旱、半干旱及部分半湿润地区由于自然因素和人为因素造成的以风沙活动为主要标志的土地退化。

在国外，沙漠化治理起步较早。20 世纪 30 年代，美国对中西部地区大规模的农业开发引发强烈的土壤风蚀，沙漠化较为严重，随之采取措施进行治理。20 世纪 30 年代，苏联围绕铁路沿线的风沙危害创造了工程与生物的防治方法，并在哈萨克斯坦新垦区建设农田防风防沙林带。20 世纪 60 年代末到 70 年代初，非洲萨赫勒（Sahel）地区沙漠化迅速发展，导致环境恶化，引起国际社会的广泛关注。为此，联合国于 1975 年通过了“向沙漠化进行斗争行动计划”（第 3337 号决议）；1977 年，联合国荒漠化大会后，各国相继开展了沙漠化的专门研究，并实施土地沙漠化防治。由于人口暴涨及环境压力的剧增，世界土地沙漠化并未得到有效遏制，于是联合国 A/RES/58/211 决议，将 2006 年定为“国际荒漠与荒漠化年”，这是继 1977 年联合国荒漠化大会（UNICD）和 1994 年联合国防治荒漠化公约（UNCCD）签署以来，国际社会再次提醒全世界沙漠化问题的重要性和紧迫性。

我国沙漠化治理始于 20 世纪 50 年代。50 年代初，为了治理东北平原西北部的风沙危害，在辽宁彰武县章古台地区进行了樟子松造林和农田防护林网建设。50 年代末，围绕穿越腾格里沙漠的包兰铁路沙坡头段的防沙工程，开展了防风固沙试验研究和防护体系的建设。20 世纪 70 年代，内蒙古磴口、陕西榆林、甘肃民勤、新疆吐鲁番均开展了有效的沙漠化治理的研究和实践。20 世纪 90 年代，开展了塔里木沙漠公路和塔中四联合站防沙治沙的研究和实践。值得指出的是，1979 年后，国家开展的“三北”防护林建设以及 1999 年后国家开展的退耕还草还林，对于治理我国土地沙漠化起到了重要的作用。随着研究的深入，广大沙漠科技工作者总结出草原地区沙漠化治理的有效对策——植被封育和保留自然地。

在我国，说起沙漠化治理就离不开农牧交错带，年降水量 400 毫米等值线以东以南的地区为农业种植区，这条线以西以北的地区为牧业区。事实上，年降水量 200～400 毫米的广大区域为半农半牧区，这里是我国土地沙漠化的集中区域。就红寺堡境内的沙地而言，即属于农牧交错带。由于地形、地质和气候的影响，红寺堡境内的沙地隶属于宁夏河东沙地，它是毛乌素沙地在宁夏境内的西南延伸。

土地沙漠化伴随着植物群落的逆向演替，而沙漠化治理与植物群落的正向演替相辅相成。因而，了解沙地上植物群系级别的顶级群落是植被恢复的基础，也是沙漠化治理的基础。就毛乌素沙地植被的顶级群落而言，有的学者认为是油蒿群落，有的学者认为是其他灌木群落，而我的硕士导师赵兴梁认为是长芒草群落。我在 20 多年的考察中，先后在陕西榆林红石峡、宁夏哈巴湖国家级自然保护区境内的红山沟和双堆梁以及宁夏吴忠市红寺堡境内，证实毛乌素沙地的顶级植物群落确实是长芒草群落。

土地沙漠化治理是一项科学工程。我的博士导师刘新民就谆谆告诫我：治理沙漠化时要高度注意生态系统的负反馈。工作了几十年，我才深刻体会到这种负反馈很重要的一方面是体现于负密度制约。在本书的最后一章“半干旱区植被演替的驱动力”里，本质上讲的是红寺堡酸枣梁沙地顶级植物群落即长芒草群落的负密度制约。

这本《宁夏红寺堡沙地植被恢复实践案例》是红寺堡人民治理土地沙漠化效果的总结，也是宁夏回族自治区治理土地沙漠化成绩的彰显，旨在服务于我国土地沙漠化的治理和沙地植被恢复，服务于我国生态文明建设。

何兴东

2020 年 7 月于南开大学

前 言

红寺堡酸枣梁沙化土地封禁保护试点项目区位于东经 106°18′52″～106°33′33″、北纬 37°28′48″～37°36′32″，地处红寺堡区东部沙尘源区及毛乌素沙地，生态区位极为重要，是红寺堡区主要的风沙源之一。在红寺堡酸枣梁沙化封禁项目中，主要植被恢复措施包括围栏封育、重点地段固沙压沙和补种补植人工促进自然恢复等。南开大学承担了该项目实施效果的土壤监测和植被监测。

2018 年 10 月至 2019 年 4 月，南开大学对红寺堡酸枣梁沙化封禁项目典型植物群落的土壤进行了调查，采集土层 0～2 厘米、20 厘米和 40 厘米的土样，分析了 23 个样地、207 份土壤样品的土壤有机质、全氮、全磷、速效氮、速效磷、土壤 pH 值和机械组成，每个指标 3 次重复测定。同时，我们利用 GIS 技术对红寺堡酸枣梁沙化封禁项目区 2014 年、2016 年和 2018 年土地沙漠化状况进行了判读分析。

2019 年 7～8 月，南开大学对红寺堡酸枣梁沙化封禁项目区典型植物群落进行了调查，每个群落随机设置一条 50 米的样线，在样线的 0 米、25 米、50 米处各设置一个 4 米×4 米样方和一个 1 米×1 米样方，调查了植物群落中不同物种的密度、频度、盖度、生物量，计算了群落的生物多样性与生产力以及不同种的生态位宽度，分析了植物群落属性现状。同时，借助了 2013 年进行的“中德财政合作中国北方荒漠化综合治理”的监测结果，比较了该项目实施以来植被的变化。

本书总结了红寺堡区酸枣梁沙化封禁项目实施以来的土壤及植被的现状和变化，作为我国植被恢复的一个实践案例予以出版，旨在促进我国西北地区的植被恢复与生态文明建设。

在此，对宁夏吴忠市红寺堡区自然资源局致以诚挚的感谢！

作 者

2020 年 7 月 4 日

目 录

第一章　红寺堡区概况

宁夏吴忠市红寺堡区前身为红寺堡开发区，是宁夏回族自治区吴忠市第二个市辖区。它是国家大型水利枢纽工程——宁夏扶贫扬黄灌溉工程（“1236”工程）的主战场，是全国最大的生态扶贫移民集中区，2009 年 9 月经国务院批复设立吴忠市红寺堡区，行政区域面积 2767 平方千米，辖 2 镇 3 乡、1 个街道、61 个行政村、2 个城镇社区，总人口 179390 人，其中回族人口占总人口的 61%。

第一节　红寺堡区地理环境

红寺堡地处东经 105°43'45"～106°42'50"、北纬 37°28'08"～37°37'23"，是承接宁夏东西南北的地理中心，北临吴忠市利通区和青铜峡市、灵武市，南至同心县，东至盐池县，西北与中宁县接壤。北距首府银川市 127 千米，南距固原市 220 千米，西距甘肃省兰州市 360 千米。红寺堡境内地势南高北低，平均海拔 1240～1450 米。

红寺堡区位于烟筒山、大罗山和牛首山三山之间，东西长约 80 千米，南北宽约 40 千米，区域面积 2767 平方千米。已开发土地 31.64 万亩，为山间盆地，属中温带干旱气候区。

第二节　红寺堡区历史沿革

夏商时代，为雍州辖地，牧野千里，羌戎等游牧民族在此安居。秦汉时期，分属北地郡、安定郡，部分关东移民迁徙至此。后为西夏王朝辖制腹地，多民族融合聚居。红寺堡之名，见于明，是明庆王就藩封地，为军事要塞，有大小烽堠 24 处。

1994 年 9 月，全国政协副主席钱正英来宁夏考察提出开发建设扬黄灌区，解决宁南山区贫困人口脱贫问题的构想。

1995 年 12 月国务院多次召开专题会议进行研究，正式批准宁夏扶贫扬黄灌溉工程（简称“1236”工程）立项，作为重点工程列入国家“九五”计划。

1998 年 8 月正式开工建设“1236”工程。

1998 年 9 月 5 日经宁夏回族自治区党委研究，于 1999 年 1 月正式挂牌成立中共红寺堡开发区工委。主要搬迁同心、海原、原州、彭阳、西吉、隆德、泾源 7 县（区）生活在贫困带上的贫困户，是全国最大的扶贫移民开发区。

2001 年新设立红寺堡镇、大河乡、立沙泉乡、立白墩乡、买河乡。

2002 年 10 月 25 日，宁夏回族自治区党委、人民政府决定，红寺堡开发区划归吴忠市管辖。

2005 年上半年，红寺堡对村级组织进行改革，将原来的 94 个行政村合并为 42 个。

2006 年 7 月，吴忠市调整太阳山移民开发区管理体制，设立太阳山开发区（实际上由

“太阳山移民开发区”更名）管委会，为市政府派出机构；将红寺堡园区、盐池园区、同心园区和吴忠园区合并为一个园区，直接由太阳山开发区管理；将盐池县惠安堡镇惠安堡村的疙瘩、凤凰台、南梁自然村，同心县韦州镇巴庄村、唐坊梁村，红寺堡区太阳山镇小泉村移交太阳山开发区代管（太阳山镇政府迁驻柳泉村）。

2009 年 9 月 30 日，国务院（国函〔2009〕122 号）批复同意设立吴忠市红寺堡区，以吴忠市红寺堡镇、太阳山镇、大河乡、南川乡的行政区域为红寺堡区的行政区域，区人民政府驻红寺堡镇。同年 10 月 28 日，红寺堡区成立。

2010 年上半年，自治区政府先后批复同意调整红寺堡区与相邻县区的行政区划。3 月，同意将同心县韦州镇巴庄、塘坊梁两村及甘沟村部分地域（韦州河东岸）划归吴忠市红寺堡区管辖（宁政发〔2010〕35 号）；将盐池县惠安堡镇 211 高速公路－211 国道以西地域划归吴忠市红寺堡区管辖（其中惠安堡镇镇区部分以盐湖东南边沿划分，以保持惠安堡镇政府驻地的完整）（宁政发〔2010〕44 号）。4 月，同意将吴忠市利通区南部，自滚泉起沿滚泉—孙家滩公路向东、经芨芨沟、大白驿子沟至利通区—灵武市界线一线以南地域划归吴忠市红寺堡区管辖（宁政发〔2010〕68 号）；将灵武市白土岗乡南部，自灵武市—利通区界线附近，向正东方向至 211 高速公路一线以南，包括白塔水村南部地域划归吴忠市红寺堡区管辖（宁政发〔2010〕69 号）（6 月 15 日举行灵武市与利通区、红寺堡区行政区划调整移交仪式）。至此，红寺堡面积 2767 平方千米。

2011 年 11 月，自治区政府（宁政函〔2011〕186 号）批复同意：一、设立新民街道办事处，新设立的新民街道办事处与红寺堡镇合署办公。二、将太阳山镇西部地域划出，设立柳泉乡，乡人民政府驻地柳泉村。三、将南川乡更名为新庄集乡。

2014 年 1 月 23 日，新庄集乡正式挂牌；2 月，柳泉乡正式成立；3 月 18 日，新民街道正式成立。

第三节　红寺堡区人口

2010 年第六次人口普查，红寺堡区常住总人口 165016 人，其中，红寺堡镇 73750 人，太阳山镇 34945 人，大河乡 25213 人，南川乡 30760 人，红寺堡工业园区管委会 348 人。

2018 年末，全区常住人口 203900 万人。其中，城镇人口 69000 万人，占常住人口的 33.84%，比上年提高 0.94%。人口出生率为 14.09‰，比上年下降 0.12‰；死亡率为 7.27‰，比上年上升 4.29‰；人口自然增长率为 6.82‰，比上年下降 4.41‰，人口出生政策符合率 86.76%，比上年提高 0.51%。

第四节　红寺堡区经济发展

开发建设以来，红寺堡狠抓产业结构调整，转变经济增长方式，全力推进工业化、城市化和农业产业化进程。培育节水高效农业，截至 2019 年上半年，累计发展酿酒葡萄 11.6 万亩，设施农业 7.45 万亩，黄牛养殖 8 万头，葡萄产业成为引领农业转型的特色优势主导产业，作为宁夏葡萄四大产区之一，已纳入宁夏贺兰山东麓葡萄产业长廊。依托境内丰富风光资源和国有未利用荒地，大力发展环保新型工业。科冕葡萄酒厂、瑞丰葡萄榨汁厂、芦草井沟煤矿、罗花崖煤矿、卓德酒庄等重点工业项目快速推进；长山头、鲁家窑、嘉泽风电和宁夏发电集团 50 兆瓦光伏发电等新能源产业不断壮大。商贸服务、信息中介、金融保险、交通运输和餐饮等服务业快速发展。一座移民新城崛起于亘古荒原，城市建成区面积 15.5 平方千米，城区人口 5 万人。

2019 年上半年，全区实现地区生产总值 29.77 亿元，增长 7%；实现规模以上工业增加值增长 7.5%；完成固定资产投资下降 23.9%；地方公共财政预算收入 0.89 亿元，下降 16.2%；地方公共财政预算支出 14.7 亿元，增长 25.9%；实现社会消费品零售总额 2.87 亿元，下降 3.1%；城镇、农村居民人均可支配收入分别为 11134 元、3666 元，分别增长 8.8%、11.7%。截至 6 月底，红寺堡区金融机构存款余额 53.1 亿元，增长 9.6%；贷款余额 32.7 亿元，增长 14.1%，存贷比为 61.6%。

第二章　酸枣梁项目区自然概况

酸枣梁项目区位于红寺堡区东部太阳山镇境内，东与盐池接壤，西靠苦水河，南临中盐高速公路和阴梁湾，北与灵武市交界。地理坐标为东经 106°18′52″～106°33′33″、北纬 37°28′48″～37°36′32″，总面积约为 20 万亩。

酸枣梁项目区地处红寺堡区东部沙尘源区及毛乌素沙地，生态区位极为重要，是红寺堡区主要的风沙源之一。这里气候属于半干旱区向干旱区过渡地带，植被从干草原向荒漠草原过渡，资源利用上是从农区向牧区过渡。自然地理位置十分独特和重要，是我国自然学者、经济学者、社会学者研究与关注的热点。

第一节　地质地貌

1. 地层

酸枣梁项目区境内出露的地层，以第四纪地层分布最广，前第四纪地层以白垩系为主。

2. 地质构造

酸枣梁项目区地处鄂尔多斯台地西缘，在祁连山、吕梁山、贺兰山的山字形构造的脊柱部位。划分为布伦庙—镇原白垩系大向斜和贺兰山—青龙山褶皱带的两个互带。

3. 地貌

酸枣梁项目区地形地貌总体上可分为侵蚀高坡丘陵、缓坡丘陵、平坦洼地河流冲、沟及沙漠丘陵五部分。

第二节　气候与水文

1. 气候

酸枣梁项目区位于贺兰山—六盘山以东，按中国气候分区应属于东部季风区。处于中温带干旱气候区，具典型的大陆性气候特征。按宁夏气候分区，属于盐（同）香（山）干旱荒漠草原区。气候干燥，雨量少而集中，蒸发强烈，冬寒长，夏热短，温差大，日照长，光能丰富。

年平均降水量 251 毫米，年平均蒸发量 2387 毫米，为降水量的 9 倍多。年平均气温 8.7 ℃，日温差 13.7 ℃，全年大于 10 ℃积温可达 3200 ℃以上。红寺堡区全年日照时数 2900～3550 小时，年平均风速 2.9～3.7 米/秒，大风日数 25 天，以春季最多。灾害天气主要有干旱、霜冻、冰雹、风、沙暴、干热风等。

2. 水文

酸枣梁项目区地下水主要有毛乌素沙地第四系地下水，毛乌素沙地基岩地下水以及承压自流水，大部分富含水地区处于拟建保护区境内。境内无大河流，主要为清水河。

第三节 土壤

酸枣梁项目区土壤主要有灰钙土、风沙土、潮土和棕钙土几类（表 2-1）。

（1）灰钙土：广泛分布于酸枣梁，成土母质为第四纪洪积、冲积物，质地较粗，细沙颗粒多，多为中壤质土和轻壤质土。

（2）风沙土：分为流动沙地、半固定沙地、固定沙地三个亚类。

（3）潮土：湿潮土分布于酸枣梁西北部寸草苔群落，主要是土层下部羊肝石的存在所导致的；盐化潮土分布于项目区东北向芨芨草群落。

（4）棕钙土：在调查中，我们发现在酸枣梁分布较为广泛的红沙群落、沙冬青群落和猫头刺群落中土壤为棕钙土，更确切地说，属淡棕钙土。棕钙土与灰钙土的主要区别是棕钙土剖面中有钙积层而灰钙土剖面中土壤碳酸钙分布均匀且没有钙积层。

表 2-1 红寺堡酸枣梁土壤分类

土类	亚类	土属	土种
灰钙土	灰钙土（普通灰钙土）	粗质灰钙土	紧沙土 沙壤质土 轻壤质土
		粉质灰钙土	轻壤质土 沙壤质土 中壤质土
	淡灰钙土	淡灰钙土	夹壤层沙壤质土 沙壤质土及夹壤层沙壤质土 轻壤质土
	侵蚀灰钙土	侵（风）蚀灰钙土	沙土质土 沙壤质土 轻壤质土 中壤质土
	灰钙土性土	灰钙土性土	沙土质土 沙壤质土 轻壤质土
风沙土	风沙土	流动风沙土 半固定风沙土 固定风沙土	流动风沙土 半固定风沙土 固定风沙土
潮土	盐化潮土 湿潮土	盐化潮土 湿潮土	盐化潮土 湿潮土
棕钙土	淡棕钙土	淡棕钙土	中壤质土

酸枣梁成土母质主要有洪积冲积物，风积物及母岩风化物（主要为桔红色沙岩）。分述如下：

（1）洪积、冲积物

洪积冲积物是由山洪搬运及河水沉积堆积的次生母质。广布于项目区。特点是沉积层次明显，有机质及养分含量相对较高，质地不均，多为沙壤质土、轻壤质土和中壤质土。

（2）风积洪积物

风积物是由风力携带的物质沉积而成。同样广布于项目区，形成风沙土。有机质及养分含量极低，质地粗，为松沙土。颗粒以细沙为主（0.25～0.05 毫米）物理性黏粒，含量小于 10%。

（3）桔红色砂岩风化物

桔红色长石砂岩风化物（羊肝石分解物）见于项目区西北部，风化物多为细沙和粗粉沙，在风力作用下，提供了桔红色沙源，故多带红色。

对于宁夏吴忠市红寺堡酸枣梁，风成母质广布，由于植被不同程度的发育，这类土壤被划分为风沙土，包括固定风沙土、半固定风沙土和流动风沙土（表 2-1）。严格地说，流动风沙土不属于土壤而仍属于一种土壤母质。因为流动风沙土植被盖度较小，地表明沙裸露，风成沙或流动沙丘沙的结构松散，黏结力差，有机质含量和养分含量极低，持水能力差，地表沙粒易随风流动形成沙丘地貌。

由于风力是流动沙丘形成的主要营力，在风力作用下，流动沙丘不断地遭受吹蚀、搬运、堆积，这就使得植物，尤其是高等植物难以在其上着生。尽管流动沙丘是由岩石风化物经风力作用而形成的，甚至还有极少量的土壤表层物质，其中含有一定量的植物生长所需的矿质营养元素，但由于其上只有极少植被，这些矿质营养元素无法被植物吸收，即不能参与生物小循环，而只能随风力作用进入地质大循环。由于几乎没有高等植物的着生，结果是风化产物中的植物矿质营养元素无法集中，始终处于分散状态，这样也就无法形成土壤剖面层次的分化。同样，其他一些土壤形成发育过程中的质的特征也就不可能产生。这说明流动沙丘并不具备土壤本质的特征，它不应属于土壤，而只能看作是非土沉积物或成土母质。

从另一个角度看，就土壤形成发育而言，需要一定时间的地表相对稳定期。既然不存在一定时期的地表相对稳定期，流动沙丘就不可能演变为土壤。这也说明了流动沙丘沙不属于土壤。

但由于宁夏红寺堡酸枣梁流动沙丘面积少、植被盖度相对较大，故在此依然将流动沙丘划归为流动沙丘土。

第四节 植被

红寺堡酸枣梁的气候条件和土壤特征既具有荒漠区的一些特征，又具有草原区的一些特征，植被为荒漠和草原两种植被类型以复合形式存在，并逐步形成复杂多样的植被类型。根据建群种生态和生物学特性的相似性，以《中国植被》中的植被分类系统为标准，参考《中国植被及其地理格局——中华人民共和国植被图集 1:1000000 说明书》（张新时，2007）、《内蒙古植被》（中国科学院内蒙古宁夏综合考察队，1985）以及《宁夏植被》，在此对红寺堡酸枣梁的植被类型进行分类。

在 2019 年调查中，我们把红寺堡酸枣梁植被类型划分为 6 种植被型（乔木林、灌丛、草原、荒漠、草甸和水生植被）、9 种植被亚型、12 个群系组和 18 个群系（表 2-2）。

表 2-2　宁夏吴忠市红寺堡酸枣梁沙化封禁项目区植物群落分类

植被型	植被亚型	群系组	群系
Ⅰ. 乔木林	i. 落叶乔木林	一、落叶阔叶乔木林	1. 酸枣林
			2. 锦鸡儿（柠条+毛条）群系
Ⅱ. 灌丛	ii. 温性落叶阔叶灌丛	二、沙地落叶灌丛及半灌丛	3. 杠柳林
			4. 油蒿（黑沙蒿）群系
		三、盐生灌丛	5. 白刺+西伯利亚白刺群系
			6. 细枝盐爪爪+盐爪爪群系
Ⅲ. 草原	iii. 典型草原	四、从生禾草草原	7. 本氏针茅（长芒草）群系
			8. 糙隐子草+冰草群系
			9. 白草群系
		五、杂类草草原	10. 苦豆子群系
	iv. 荒漠化草原	六、从生禾草草原	11. 戈壁针茅群系
Ⅳ. 荒漠	v. 灌木、半灌木荒漠	七、草原化小灌木荒漠	12. 红沙群系
			13. 猫头刺（刺叶柄棘豆）群系
		八、蒿属半灌木沙质荒漠	14. 籽蒿（白沙蒿）群系
	vi. 超旱生灌木荒漠	九、超旱生常绿灌木荒漠	15. 蒙古沙冬青林
Ⅴ. 草甸	vii. 典型草甸	十、根茎禾草草甸	16. 拂子茅+假苇拂子茅群系
	viii. 盐生草甸	十一、从生禾草盐生草甸	17. 芨芨草群系
Ⅵ. 水生植被	ix. 挺水水生植被	十二、挺水植物群落	18. 芦苇群系

第三章　酸枣梁沙化封禁项目区生态恢复工程概况

第一节　酸枣梁项目区生态恢复工程主要内容与措施

酸枣梁沙化土地封禁保护项目主要内容包括封育围栏 147.3 千米，固定界碑 101 个，警示标牌 40 个，骆驼脖项水域治理 6.5 公顷，固定沙压沙（人工扎设草方格）325 公顷，巡护道路 64.25 千米，人工促进自然修复 3142.23 公顷，病虫害防治 2000 公顷，30 米高森林防火瞭望塔 3 套，5 千瓦风光互补独立系统 4 套，马场绿化 0.55 公顷。

沙化土地封禁保护项目主要措施有以下方面：

（1）封禁围栏：在人畜活动频繁的重点区域设置必要的防护围栏。项目区主要在苦水河东侧、高速公路两侧以及项目区东南部靠近村庄区域设置防护围栏（刺丝围栏），全长 147.3 千米。

（2）固定界碑、警示标牌：在封禁保护区边界、重要路口以及人畜活动频繁的区域设立边界标识和警示标识。界碑沿封禁保护区边界设置，具有提醒和标识作用；警示牌设立在重要显著位置，设置固定界碑 101 个，警示标牌 40 个。标注封禁区概况、禁止活动行为、责任人等内容。

（3）巡护交通工具：封禁保护区现有交通工具吉普车 1 辆。根据实际需要，需配备巡护交通工具摩托车 10 辆，其中 2013～2014 年期间购置摩托车 3 辆，2014～2015 年期间购置摩托车 7 辆。

（4）重点地段固沙压沙：封禁保护区重点地段及沙缘地带对流动沙丘采取固沙压沙措施，采用生物沙障（人工扎设草方格），总实施面积 325 公顷，其中：封禁保护区西北角 66.67 公顷，老虎沟 258.33 公顷。

（5）管护站：在封禁保护区重要位置修建必要的管护站点。为了管护人员生活工作的方便，拟建设管护用房 3 座，75 平方米/座，并配备供电、供水、取暖、照明、办公桌椅、饮食灶具、通讯设施、GPS 以及高倍望远镜等配套设施 3 套。

（6）人工促进自然修复：在植被稀疏地段，趁雨季撒播油蒿、甘草、沙打旺等；在灌木覆盖度小于等于 15%的区域点播柠条、杨柴、花棒等耐旱灌木。通过人工点播灌木种子、撒播草籽，提高灌草综合覆盖度和有效灌丛数，保护繁衍珍稀物种。总实施面积 3376.23 公顷，其中人工补播旱生灌木 2201 公顷，撒播草籽 508.23 公顷，飞播造林 667 公顷。

（7）巡护道路：按照封禁保护试点的实施面积的比例和封禁保护的实际需要，布局巡护道路，全长 47.5 千米。

（8）聘请管护人员：为了保证项目的顺利实施，使项目在理论上、实践上更科学合理，使项目最后能达到设计目标，且有利于项目的可持续发展，聘请有一定造林技术和实践经验的管护人员 10 人，聘请、组织当地农民 10 人，组成巡护队，负责封禁保护区的管护工作。为保证项目顺利启动、实施，2013～2014 年聘请管护人员 20 名。

（9）监测评估：为定期、准确监测评估封禁保护不同时期植株生长状况、植被恢复情况、林木生长状况、固沙压沙主要技术措施、林木病虫害及其防治、流动沙丘固定、沙粒阻挡等，并记载封禁保护区的主要天气状况、自然灾害以及变化情况，项目建设应用“3S”系统和遥感技术，依据不同的封禁保护模式，建设监测评估点和标准样地，通过定点、定期监测，有效体现封禁保护效益。项目建设监测评估点 5 个，建设标准样地 50 个。依据监测计划，对项目建设进行实地、定点、定位监测。

（10）宣传教育：为加强项目管理，进行宣传培训。发放宣传资料 2000 份，张贴标语 100 条，组织举办宣传培训 3 期。

第二节 酸枣梁项目区生态恢复工程完成情况

酸枣梁沙化封禁项目区项目完成情况见表 3-1。

表 3-1 酸枣梁沙化土地封禁保护补助试点项目完成情况统计表

建设内容	单位	合计			2013 年度			2014 年度		
		计划	完成	完成率（%）	计划	完成	完成率（%）	计划	完成	完成率（%）
封育围栏	km	147.3	146.953	99.76	82.1	81.79	99.6	65.2	65.163	99.94
界碑	个	101	94	93.07	101	94	93.1			
警示标牌	个	40	40	100	30	30	100	10	10	100
固定沙压沙	hm^2	310	309.643	99.88	115	114.803	99.8	195	194.84	99.9
人工促进自然修复	hm^2	3143.4	3142.23	99.96	2157.4	2156.23	99.9	986	986	100
病虫害防治	hm^2	2000	2000	100	1000	1000	100	1000	1000	100
森林防火瞭望塔	套	3	3	100	2	2	100	1	1	100
管护房	m^2	180	180	100				180	180	100
维修管护房	m^2	140	90	64.29				140	90	64.3
土地整理	亩	60	60	100				60	60	100
日光温室	m^2	640	640	100				640	640	100
苜蓿种植	亩	60	60	100				60	60	100
水窖	处*$8m^3$	6	6	100				6	6	100
泵房	m^2	9	9	100				9	9	100
厕所	所	6	6	100				6	6	100
护林点围墙	m	400	400	100				400	400	100

续表

建设内容	单位	合计			2013 年度			2014 年度		
		计划	完成	完成率（%）	计划	完成	完成率（%）	计划	完成	完成率（%）
管理站护栏	m	240	240	100				240	240	100
巡护道路	km	65.3	64.251	98.39	22.1	22.075	99.9	43.2	42.176	97.63
皮卡车	辆	2	2	100				2	2	100
摩托车	辆	10	10	100				10	10	100
执法记录仪	台	30	30	100				30	30	100
对讲机	个	30	30	100				30	30	100
防火服	套	30	30	100				30	30	100
GPS	个	6	6	100				6	6	100
望远镜	台	6	6	100				6	6	100
办公桌	套	5	5	100				5	5	100
椅子	把	10	10	100				10	10	100
上下床	套	15	15	100				15	15	100
潜水泵	台	1	1	100				1	1	100
风光互补独立系统	套	4	4	100				4	4	100
灶具等设施	套	1	1	100				1	1	100
发电机	台	1	1	100				1	1	100

第四章　酸枣梁项目区 GIS 作图比较土地沙漠化变化

TM（Thematic Mapper）影像各波段对不同植被的敏感度不同，植被红光波段 0.55～0.60 微米，而在近红外波段有一个较好的叶绿素反射峰，绿色植被的光谱特征是植被生物量估算的基础，因此 TM 各波段反射率与植被生物量与植被盖度具有一定的相关关系。根据植被光谱特性，将遥感影像各波段进行不同的组合，形成了各种植被指数。

由于近红外波段是草地植被叶片健康状况最灵敏的标志，对植被差异及植物长势反映敏感，对太阳光的反射也较强烈，而可见光波段尤其是红色波段对太阳辐射表现为吸收。因此，植被指数常由 TM 影像第三波段（红波段）和第四波段（红外波段）反射率之间的相互关系构成，这是利用植被指数进行生物量回归分析建模的理论基础。

这里，我们根据 2014 年、2016 年和 2018 年的 ETM（Enhanced Thematic Mapper）图像，判读了酸枣梁项目区土地沙漠化状况，并结合无人机于 2018 年 10 月对项目区进行了拍照（图 4-1、图 4-2），以助于对酸枣梁土地沙漠化的正确认识。

图 4-1　无人机 2018 年 10 月拍摄调查人员在红寺堡酸枣梁项目区

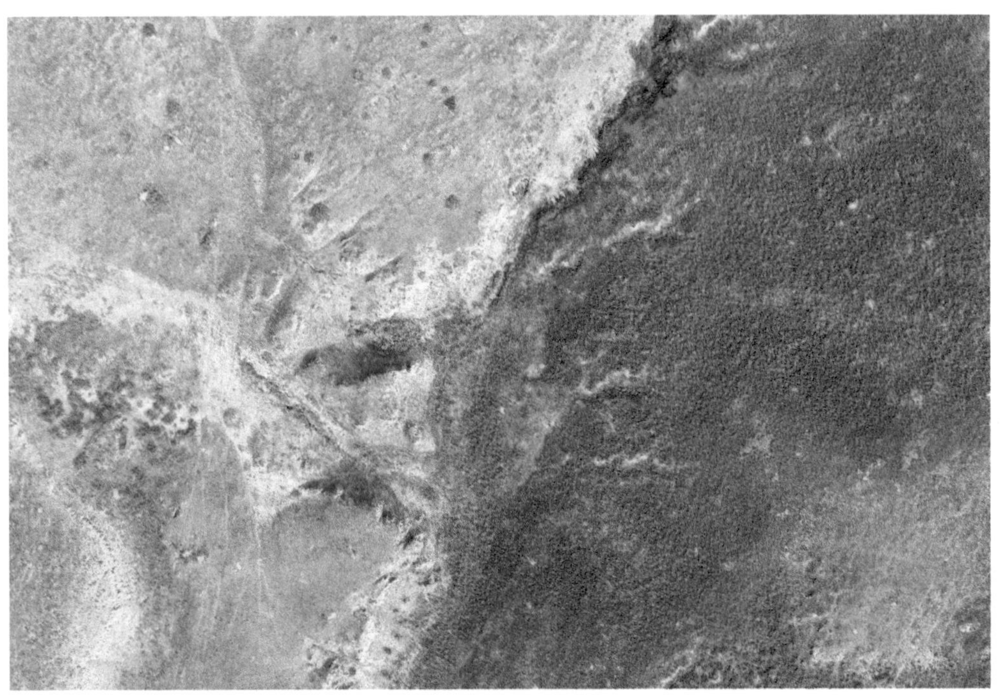

图 4-2 无人机拍摄 2018 年 10 月红寺堡酸枣梁沙化封禁项目区植被概况

第一节 酸枣梁沙化封禁区封禁前后植被外貌比较

植被封禁前，沙化严重（图 4-3）；封禁后，沙化明显得到了遏制（图 4-4）。

图 4-3 酸枣梁沙化封禁项目区封禁前的外貌（任建治提供）

图 4-4　酸枣梁沙化封禁项目区 2019 年 7 月植被概况

第二节　酸枣梁沙化封禁区封禁后土地沙漠化变化状况

通过购买 2014 年、2016 年和 2018 年的 TM 图像，截得红寺堡酸枣梁沙化封禁项目区的 TM 图像如图 4-5、图 4-6、图 4-7 所示。

根据项目区的 TM 图像以及现场勘查，制作了红寺堡酸枣梁沙化封禁项目区 2014 年、2016 年和 2018 年的土地沙漠化状况如图 4-8、图 4-9、图 4-10 所示。

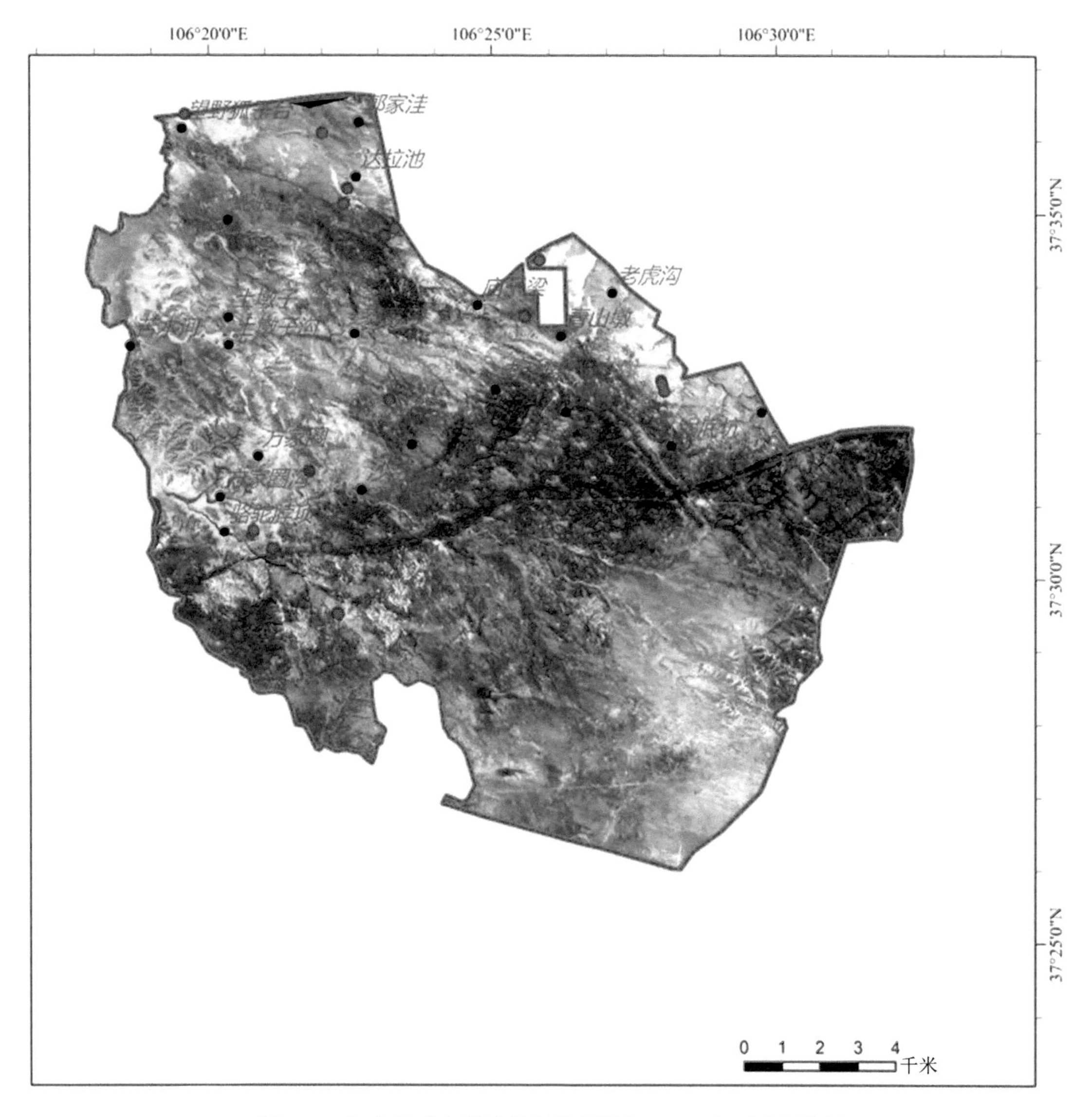

图 4-5　红寺堡酸枣梁沙化封禁项目区 2014 年遥感影像图

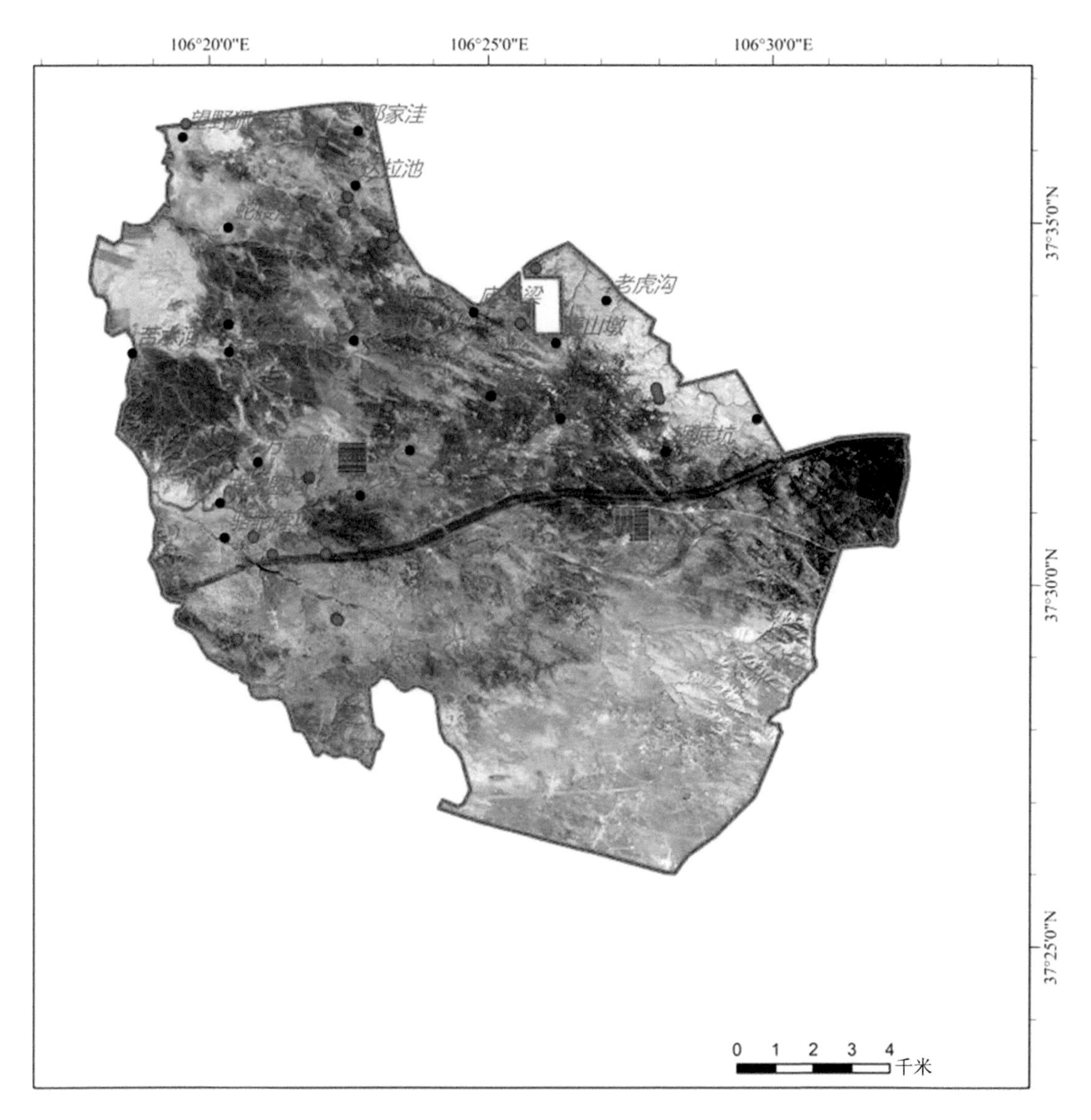

图 4-6 红寺堡酸枣梁沙化封禁项目区 2016 年遥感影像图

图 4-7 红寺堡酸枣梁沙化封禁项目区 2018 年遥感影像图

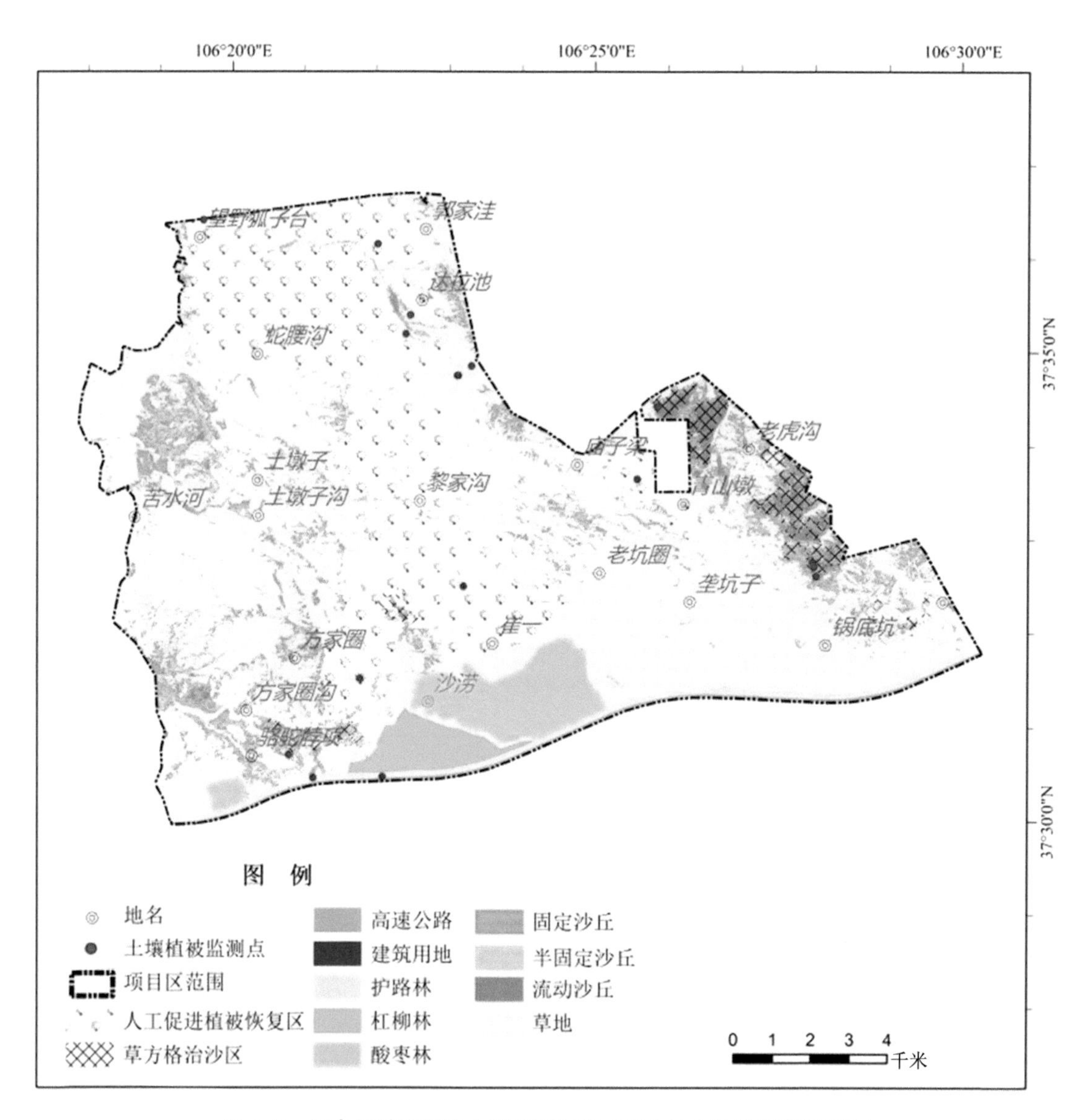

图 4-8 红寺堡酸枣梁沙化封禁项目区 2014 年土地沙漠化现状图

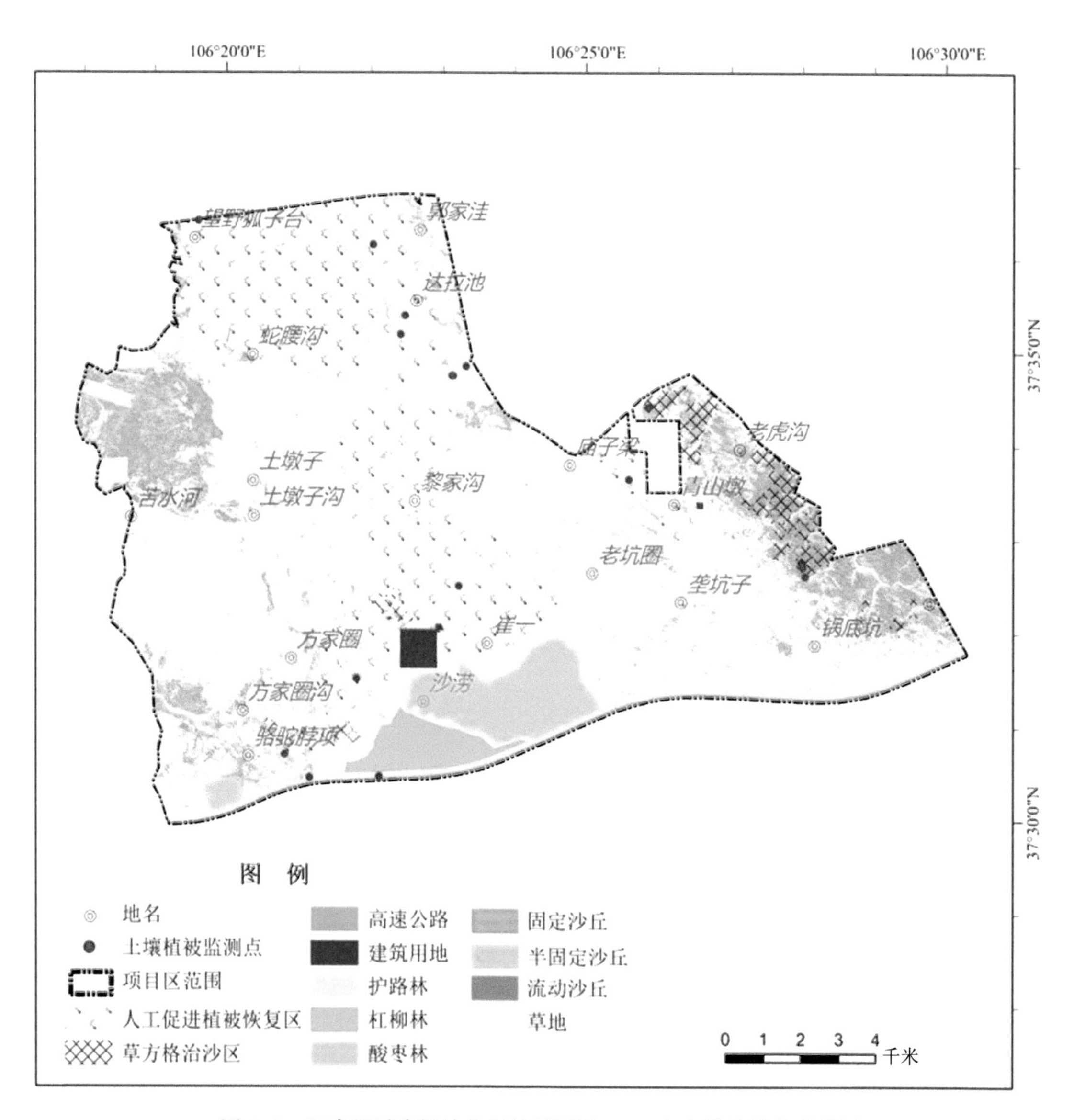

图 4-9 红寺堡酸枣梁沙化封禁项目区 2016 年土地沙漠化现状图

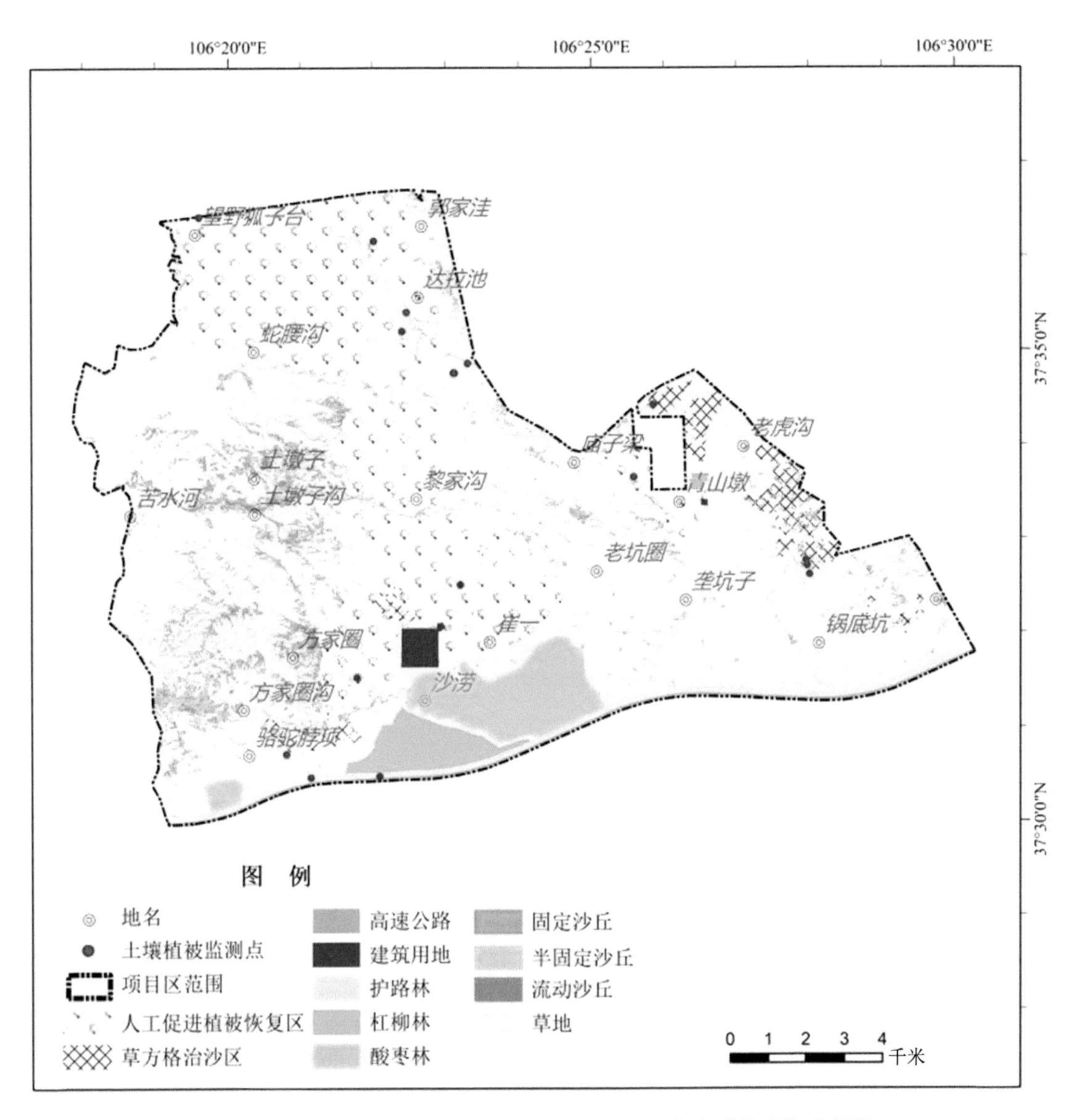

图 4-10 红寺堡酸枣梁沙化封禁项目区 2018 年土地沙漠化现状图

统计结果表明，红寺堡酸枣梁沙化封禁项目区 2014 年、2016 年和 2018 年的固定沙丘面积分别为 1194.2、1447.9 和 545.0 公顷，半固定沙丘面积分别为 396.1、293.0 和 273.3 公顷，流动沙丘面积分别为 386.2、112.7 和 230.3 公顷（表 4-1）。可以发现，红寺堡酸枣梁沙化封禁项目区从 2014 年到 2018 年，各类沙地面积都有所减少（图 4-11）。其中，固定沙丘面积从 1194.2 公顷减少到 545.0 公顷，减少了 54.4%；半固定沙丘面积从 396.1 公顷减少到 273.3 公顷，减少了 31.0%；流动沙丘面积从 386.2 公顷减少到 230.3 公顷，减少了 40.4%。

红寺堡沙化封禁项目区沙地面积减少的同时，草地面积则在增加（图 4-12）。红寺堡酸枣梁沙化封禁项目区 2014 年、2016 年和 2018 年的草地面积分别为 9572.0、9628.8 和 10433.7 公顷，2018 年较 2014 年草地面积增加了 9%。

GIS 监测结果表明，红寺堡酸枣梁沙化封禁项目区沙地面积在减少，草地面积在增加，这充分表明红寺堡酸枣梁沙化封禁项目区植被恢复良好，生态环境正趋于改善。

表 4-1　红寺堡酸枣梁沙化封禁项目区 2014 年、2016 年、2018 年各年土地沙漠化面积统计

（单位：公顷）

土地类型	2014 年	2016 年	2018 年
固定沙丘	1194.2	1447.9	545.0
半固定沙丘	396.1	293.0	273.3
流动沙丘	386.2	112.7	230.3
草地	9572.0	9628.8	10433.7
杠柳林	224.3	224.3	224.3
酸枣林	492.1	492.1	492.1
护路林	168.7	168.7	168.7
高速公路	74.2	74.2	74.2
建筑用地	0.0	66.1	66.1
合计	12507.8	12507.7	12507.7

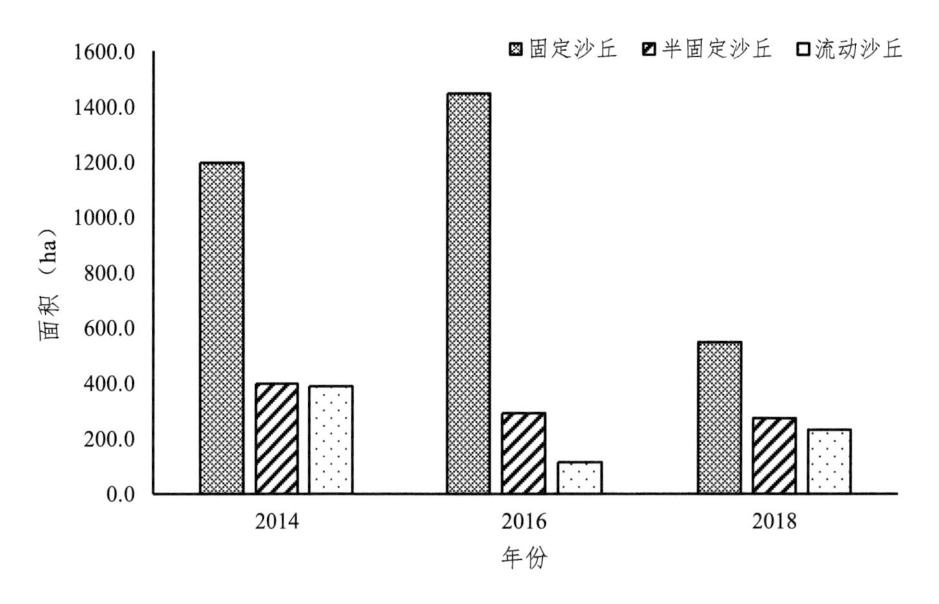

图 4-11　红寺堡酸枣梁沙化封禁项目区 2014～2018 年各类沙丘变动状况

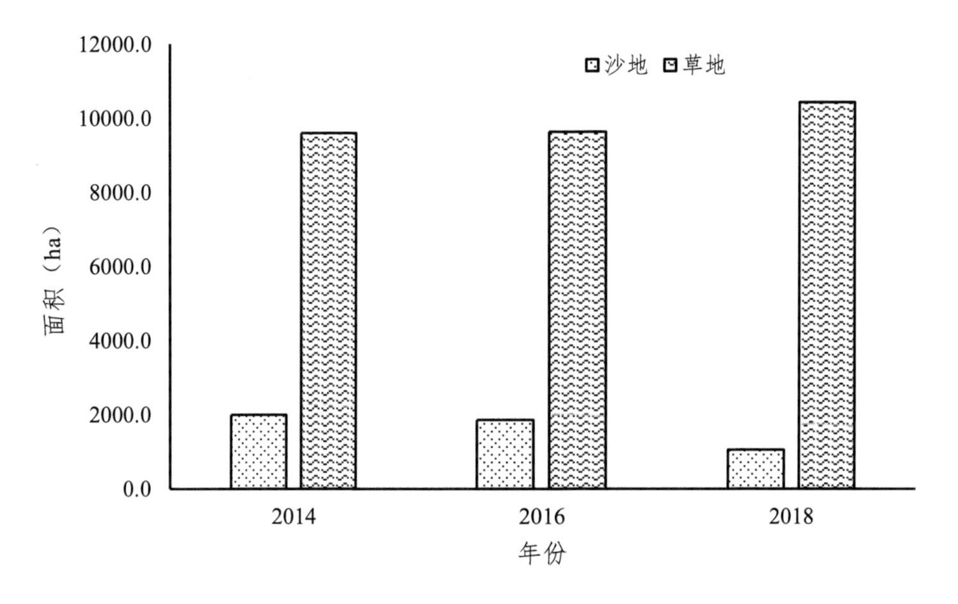

图 4-12　红寺堡酸枣梁沙化封禁项目区 2014～2018 年沙地与草地变动状况

第五章 酸枣梁项目区治理前后土壤理化特性现状与变化

第一节 土壤调查样地概况

2018 年 10 月中旬，南开大学和天津农学院在红寺堡自然资源局有关工作人员的带领下，对沙化封禁项目区进行了土壤采集。

在整个项目区 23 个样点采集了土样，每个样点在 50 米样线的 0 米、25 米和 50 米处各采集 0～2 厘米、20 厘米、40 厘米土样（即每个样点采集 9 个土样），共采集了 207 份土壤样品，采集点情况如下：

（1）S001～S003 籽蒿群落

S001、S002 和 S003 各有 0～2 厘米、20 厘米和 40 厘米土样，下同。

N37°32′48″、E106°27′52″，海拔 1370 米。人工种植籽蒿、小叶锦鸡儿和沙打旺（2015 年种植），伴生植物有猫头刺、长芒草、绳虫实和芨芨草。

（2）S004～S006 油蒿群落

N37°32′45″、E106°27′53″，海拔 1370 米。伴生黄蒿、猫头刺、沙蓬、绳虫实。群落盖度 75%。

（3）S007～S009 油蒿群落

N37°32′39″、E106°27′55″，海拔 1380 米。群落盖度 85%。油蒿能够自然更新，油蒿高度 75 厘米。过去的老油蒿死亡残存。

（4）S010～S012 油蒿群落

N37°34′29″、E106°25′47″，海拔 1370 米。2014 年扎设草方格，过去的油蒿保留。东界。

（5）S013～S015 黄蒿群落

N37°33′43″、E106°25′30″，海拔 1380 米。带状整地后种植柠条。黄蒿群落盖度 55%，高度 18 厘米。

（6）S016～S018 猫头刺—芨芨草—黄蒿群落

经纬度和海拔高度同 S013～S015 黄蒿群落。S016～S018 猫头刺—芨芨草—黄蒿群落是 S013～S015 黄蒿群落的对照。

（7）S019～S021 红沙群落

N37°34′57″、E106°23′15″，海拔 1350 米。红沙单丛冠径 1.2 米，高 60 厘米，盖度 7%。黄蒿密布，盖度 70%，高 15 厘米。

（8）S022～S024 芨芨草群落

N37°34′51″、E106°23′4″，海拔 1330 米。干梁地。芨芨草盖度 25%，高度 1.8 米。伴生黄蒿、猫头刺、阿尔泰狗娃花、大蓟、狼尾草、达乌里胡枝子。

（9）S025～S027 寸草苔群落

N37°34′51″、E106°23′3″，海拔 1320 米。下面母质是羊肝石（紫红色页岩）。寸草苔盖度 60%，高 5 厘米。伴生黄蒿（盖度 40%）、猫头刺、大蓟、砂珍棘豆、狭叶沙生大戟、单叶车前、扁秆藨草、大花蒿、发菜、狭叶米口袋、细叶韭。

（10）S028～S030 狼尾草群落

N37°35′18″、E106°22′21″，海拔 1300 米。原黄蒿群落，带状整地，种植小叶锦鸡儿，两年生最高 25 厘米，出苗状况一般。狼尾草群落盖度 60%，高 20 厘米。

（11）S031～S033 黄蒿群落

经纬度和海拔高度同 S028～S030 狼尾草群落。S031～S033 黄蒿群落是 S028～S030 狼尾草群落的对照。黄蒿群落盖度 70%，高 16 厘米。

（12）S034～S036 红沙群落

N37°35′30″、E106°22′25″，海拔 1300 米。盖度 12%，高 18 厘米。伴生长芒草、包鞘隐子草、虱子草。

（13）S037～S039 五星蒿（雾冰藜）群落

N37°36′33″、E106°19′34″，海拔 1250 米。固定沙地。五星蒿盖度 70%，高 21 厘米，密度 24 株/平方米。伴生黄蒿。

（14）S040～S042 狼尾草群落

N37°36′16″、E106°21′59″，海拔 1280 米。群落盖度 50%，高 9 厘米。原沙葱占优势。

（15）S043～S045 酸枣林

N37°29′25″、E106°20′21″，海拔 1300 米。酸枣盖度 20%，高 2.6 米，最大胸径 8 厘米，天然繁殖良好。幼龄酸枣 1 株/平方米，高 32 厘米。伴生猫头刺、赖草、黄蒿，黄蒿密布，黄蒿盖度 90%、高 30 厘米。

（16）S046～S048 流动沙地

N37°29′41″、E106°22′7″，海拔 1290 米。

（17）S049～S051 沙蓬群落

N37°29′41″、E106°22′7″，海拔 1290 米。沙蓬盖度 65%，高 22 厘米。

（18）S052～S054 白草群落

N37°29′40″、E106°22′9″，海拔 1300 米。白草盖度 35%，高 45 厘米。伴生绳虫实、赖草、五星蒿。

（19）S055～S057 杠柳群落

N37°30′35″、E106°21′57″，海拔 1300 米。原生植被猫头刺、长芒草、酸枣、骆驼蓬、冬青叶兔唇花、宁夏黄芪、沙葱、白草、达乌里胡枝子、包鞘隐子草、黄蒿、冷蒿、大蓟和百花蒿。该群落中黄蒿密布，黄蒿盖度 60%，高 35 厘米。

（20）S058～S060 猫头刺群落

N37°30′35″、E106°21′0″，海拔 1290 米。猫头刺盖度 10%，高 20 厘米。伴生长芒草、达乌里胡枝子、大苞鸢尾、叉枝鸦葱、牛心朴子、宁夏黄芪、大蓟、草木樨状黄芪、油蒿

（人工）、白刺、菟丝子和细叶苦荬菜。

（21）S061～S063 沙冬青群落

N37°30′50″、E106°20′40″，海拔1280米。沙冬青盖度35%，高110厘米，能够天然繁殖。伴生天然植物长芒草、宿根亚麻、大蓟、黄蒿、牛心朴子和绳虫实。人工种植沙打旺、籽蒿。

（22）S064～S066 红沙群落（对照）

N37°31′38″、E106°21′40″，海拔1280米。红沙盖度12%，高15厘米。伴生长芒草、猫头刺、冷蒿、芨芨草、虎尾草、蒙古蒿、栉节蒿、单叶车前。

（23）S067～S069 芨芨草群落

N37°32′36″、E106°23′6″，海拔1280米。芨芨草盖度65%，高160厘米。

第二节　酸枣群落与油蒿群落土壤理化特性现状与封禁5年变化

酸枣林是红寺堡沙化封禁区一大优势群落，也是我们西北最有特色的一个灌木林分，封禁5年来，酸枣长势以及更新良好（图5-1）。

图5-1　酸枣梁沙化封禁项目区酸枣林生长与更新状况

油蒿群落是酸枣梁沙化封禁项目区沙地优势植物群落，油蒿是主要建群种，随着封禁时间增加，沙丘逐渐固定，油蒿群落逐渐退化，油蒿衰老死亡，沙地转向生草沙地，这也是我们封禁保护的目标。

2018 年，我们对酸枣梁沙化封禁区油蒿群落和酸枣群落进行了土壤理化特性分析，结果见表 5-1、表 5-2。

表 5-1　酸枣梁沙化封禁区油蒿群落和酸枣群落土壤颗粒粒度特征（%）

植物群落	经纬度	样方	土层（cm）	粒径（mm）					
				砾	粗砂	中粗砂	中砂	细砂	粉粒黏粒
				>2	2～0.55	0.56～0.49	0.5～0.24	0.25～0.071	<0.071
油蒿群落	N37°32′45″ E106°27′53″	1	0～2	0.00	0.00	4.12	33.44	31.18	31.26
			20	0.00	0.14	3.90	24.80	47.08	24.08
			40	0.00	0.23	4.08	23.34	37.86	34.49
		2	0～2	0.00	0.04	3.32	8.76	32.76	55.12
			20	0.00	0.10	4.45	11.35	33.80	50.30
			40	0.00	0.20	5.34	12.35	31.21	50.90
		3	0～2	0.00	0.06	0.42	15.00	52.70	31.82
			20	0.00	0.23	1.58	18.92	45.79	33.48
			40	0.00	0.00	0.00	14.17	56.27	29.56
油蒿群落	N37°32′39″ E106°27′55″	1	0～2	0.00	0.00	1.83	12.78	49.57	35.82
			20	0.00	0.14	2.01	14.67	39.65	43.53
			40	0.00	0.28	2.43	16.54	38.20	42.55
		2	0～2	0.00	0.00	1.90	39.94	35.64	22.52
			20	0.00	0.26	1.38	21.98	45.54	30.84
			40	0.00	0.30	1.87	23.21	25.36	49.26
		3	0～2	0.00	0.00	1.18	11.26	48.82	38.74
			20	0.00	0.12	2.34	14.76	42.30	40.48
			40	0.00	0.10	2.52	15.08	40.98	41.32
酸枣林	N37°29′25″ E106°20′21″	1	0～2	0.00	0.00	2.35	32.56	33.87	31.22
			20	0.00	0.30	3.65	28.73	30.08	37.24
			40	0.00	0.46	3.89	23.45	28.69	43.51
		2	0～2	0.00	0.00	0.46	41.18	38.90	19.47
			20	0.02	0.26	0.52	3.40	10.56	85.24
			40	0.02	0.24	0.42	12.00	31.39	55.93
		3	0～2	0.00	0.28	3.00	23.18	32.88	40.66
			20	0.00	0.42	3.87	22.93	34.80	37.98
			40	0.00	0.49	4.56	19.89	32.37	42.69

2018 年，由于降水时间正好与黄蒿种子萌发相吻合，故我们调查时看到在油蒿群落中和酸枣群落中黄蒿密布。围封几年中，黄蒿相对也较多，植物枯枝落叶对土壤养分有一定影响。

表 5-2 酸枣梁沙化封禁区油蒿群落和酸枣群落土壤养分特征

植物群落	经纬度	样方	土层（cm）	有机质（g/kg）	全氮（g/kg）	碱解氮（mg/kg）	全磷（g/kg）	速效磷（mg/kg）	pH
油蒿群落	N37°32′45″ E106°27′53″	1	0～2	1.360	0.108	19.900	0.127	2.490	9.190
			20	0.220	0.043	6.960	0.102	1.770	8.920
			40	0.280	0.032	1.230	0.132	2.770	9.100
		2	0～2	1.750	0.121	21.250	0.142	2.840	8.870
			20	0.190	0.073	5.800	0.157	1.290	9.160
			40	0.670	0.066	1.330	0.143	2.000	9.290
		3	0～2	5.930	0.159	13.880	0.001	3.150	9.080
			20	0.180	0.038	9.290	0.131	1.480	9.120
			40	0.240	0.044	4.620	0.110	2.770	9.200
油蒿群落	N37°32′39″ E106°27′55″	1	0～2	1.520	0.249	32.520	0.020	3.340	8.900
			20	0.450	0.046	9.710	0.128	1.960	9.190
			40	0.520	0.064	6.650	0.227	2.000	9.070
		2	0～2	2.970	0.139	15.090	0.090	2.960	8.990
			20	0.460	0.035	2.320	0.113	0.900	9.110
			40	0.280	0.042	1.640	0.141	1.070	9.120
		3	0～2	2.200	0.154	13.240	0.144	4.300	9.040
			20	0.370	0.042	1.160	0.141	2.250	9.210
			40	0.340	0.057	1.940	0.144	2.540	9.200
酸枣林	N37°29′25″ E106°20′21″	1	0～2	3.000	0.223	38.450	0.188	3.920	8.960
			20	2.200	0.222	19.620	0.191	2.020	8.550
			40	1.950	0.162	13.250	0.168	0.330	9.010
		2	0～2	3.580	0.137	15.310	0.060	3.550	9.070
			20	0.220	0.173	19.270	0.319	2.250	8.890
			40	0.320	0.094	11.960	0.113	0.810	8.860
		3	0～2	1.120	0.173	16.650	0.189	4.300	9.100
			20	0.140	0.232	20.950	0.398	1.960	8.860
			40	0.890	0.139	11.960	0.213	0.130	9.020

统计结果表明，油蒿群落中土壤有机质 2018 年较 2013 年均有增加，其中样点 2 油蒿群落土壤有机质增加显著，样点 3 油蒿群落增加不显著（图 5-2（a））。油蒿群落 2018 年较 2013 年，土壤全氮和全磷也均略有增加但增加均不显著（图 5-2（b）），土壤有效氮样点 2 油蒿群落和样点 3 油蒿群落均有显著增加，但土壤有效磷增加不显著（图 5-2（c））。

统计结果表明，酸枣林中土壤有机质、全氮和全磷、速效氮和速效磷 2018 年较 2013 年均增加显著（图 5-3），这与连续多年封禁保护是分不开的。

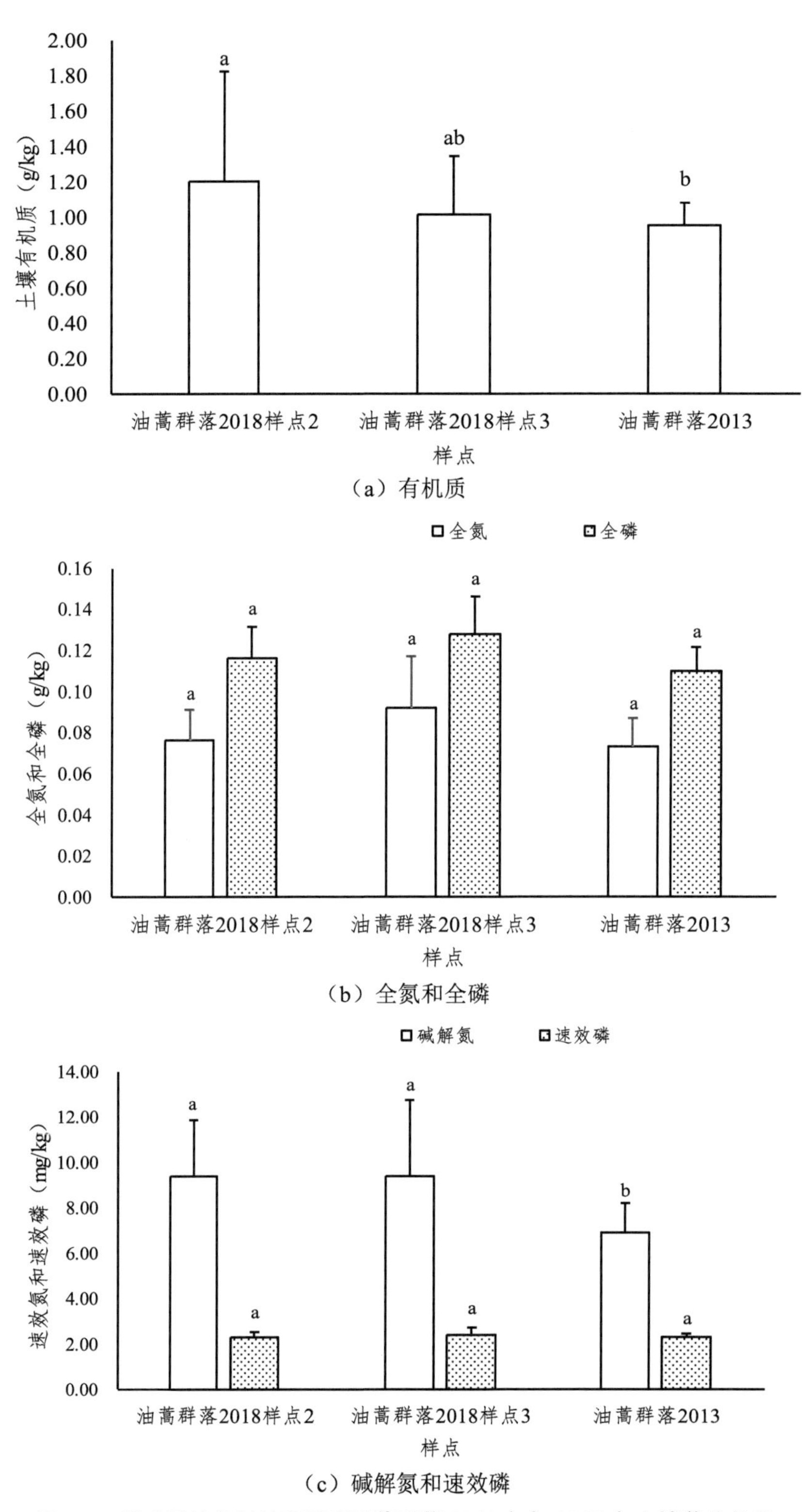

（a）有机质

（b）全氮和全磷

（c）碱解氮和速效磷

图 5-2 酸枣梁沙化封禁项目区油蒿群落 2013 年与 2018 年土壤养分状况

（字母相同者差异不显著，字母不同者差异显著，下同）

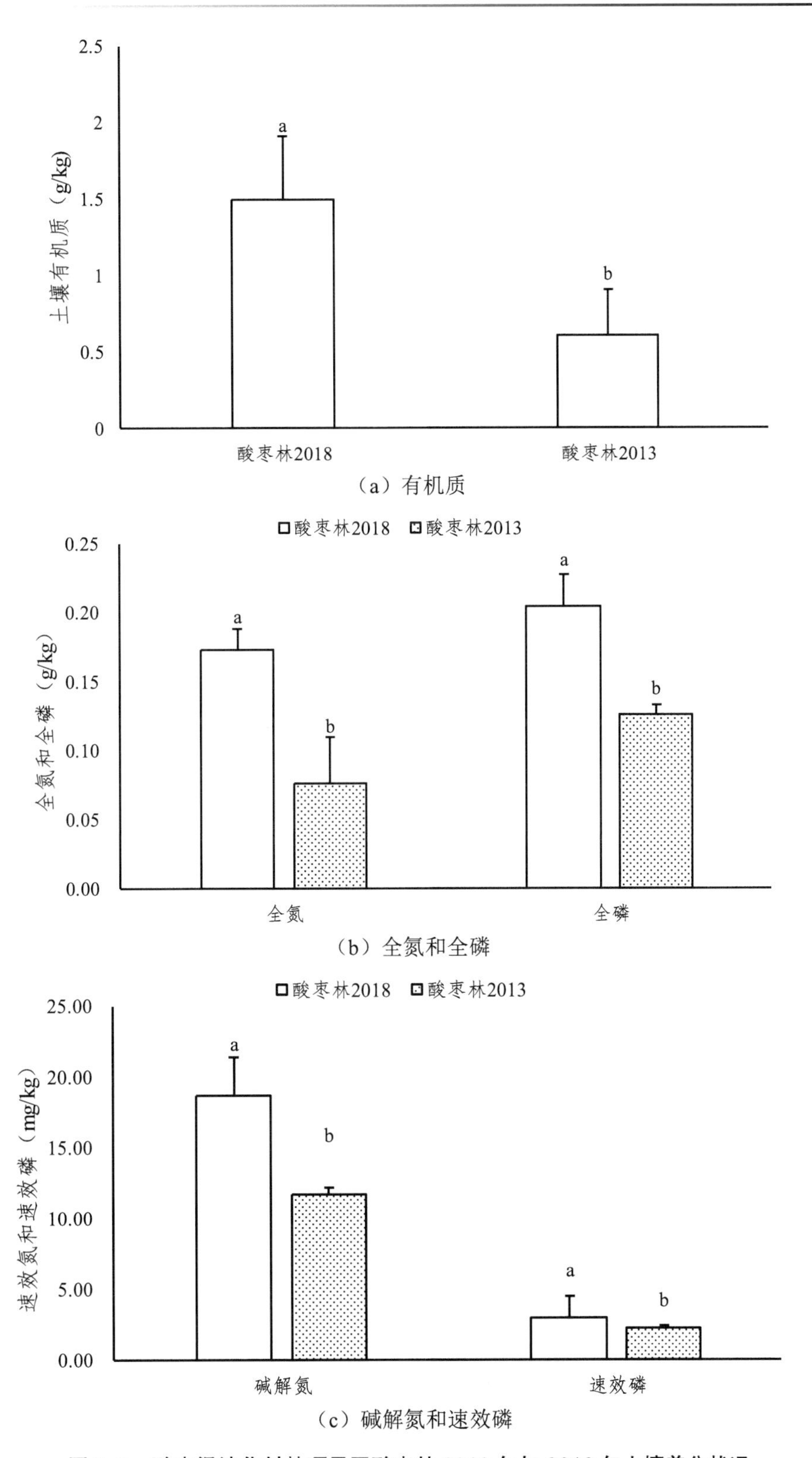

图 5-3　酸枣梁沙化封禁项目区酸枣林 2013 年与 2018 年土壤养分状况

第三节　红沙群落封禁前后土壤理化状况

酸枣梁沙化封禁区红沙群落封育前后土壤颗粒粒度见表 5-3。

表 5-3　酸枣梁沙化封禁区红沙群落封育前后土壤颗粒粒度特征（%）

类型	经纬度	样方	土层（cm）	粒径（mm）					
				砾	粗砂	中粗砂	中砂	细砂	粉粒黏粒
				>2	2～0.55	0.56～0.49	0.5～0.24	0.25～0.071	<0.071
封育后样地 7	N37°34′57″ E106°23′15″	1	0～2	0.00	0.12	1.42	7.79	23.20	67.47
			20	0.00	0.51	2.38	10.12	24.53	62.46
			40	0.00	0.78	4.23	10.34	25.34	59.31
		2	0～2	0.00	0.20	1.51	8.23	19.87	70.19
			20	0.00	0.40	3.26	13.58	21.10	61.67
			40	0.00	0.48	3.93	8.64	23.80	63.15
		3	0～2	0.00	0.34	1.23	10.50	24.83	63.10
			20	0.00	0.40	2.28	11.75	26.88	58.69
			40	0.00	0.50	4.31	12.34	23.56	59.29
封育后样地 12	N37°35′30″ E106°22′25″	1	0～2	0.00	0.00	2.45	5.89	16.50	75.16
			20	0.00	0.20	2.90	6.49	18.33	72.08
			40	0.02	0.16	2.18	6.20	19.72	71.72
		2	0～2	0.00	0.18	2.18	6.04	11.12	80.48
			20	0.00	0.56	3.26	5.85	10.78	79.55
			40	0.00	0.80	4.68	7.63	12.12	74.77
		3	0～2	0.00	0.78	2.60	4.44	14.45	77.73
			20	0.00	0.91	3.35	3.87	13.26	78.61
			40	0.00	0.93	5.02	4.96	14.21	74.88
对照	N37°31′38″ E106°21′40″	1	0～2	0.00	0.50	2.38	8.20	22.21	66.72
			20	0.00	0.34	1.56	5.28	16.66	76.16
			40	0.00	0.40	1.84	4.87	20.13	72.76
		2	0～2	0.00	0.00	0.56	4.58	15.62	79.24
			20	0.00	0.28	0.60	4.03	13.23	81.86
			40	0.00	0.32	0.62	2.46	11.41	85.19
		3	0～2	0.00	0.00	0.87	18.34	33.51	47.28
			20	0.00	0.10	0.90	16.70	34.23	48.07
			40	0.00	0.16	0.90	15.74	35.94	47.25

酸枣梁沙化封禁项目区红沙群落封育后样点 7 土壤中粉粒与黏粒含量为 62.81%，封育后样点 12 土壤中粉粒与黏粒含量为 76.11%，对照未封育地段土壤中粉粒与黏粒含量为 67.17%，但封育后与对照粉粒与黏粒含量差异不显著（图 5-4）。

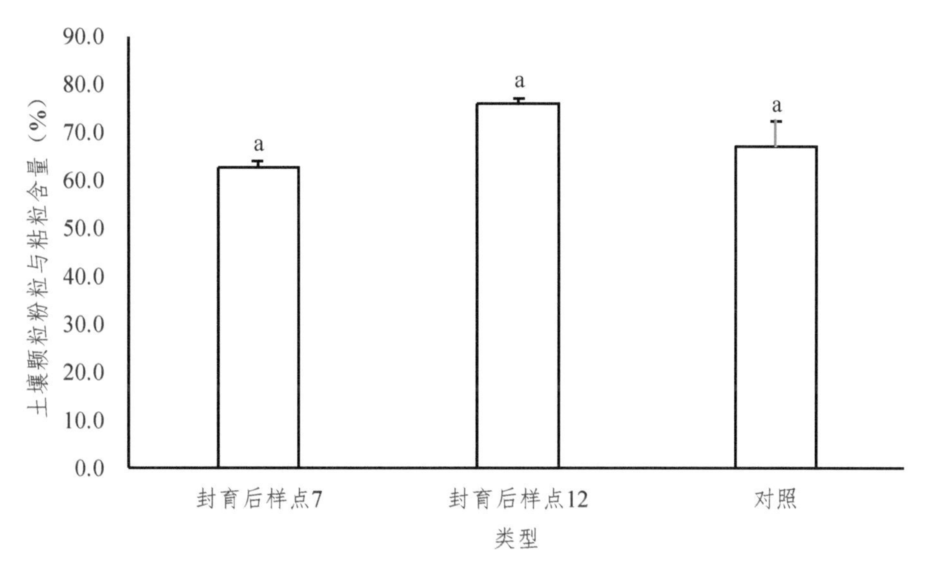

图 5-4 酸枣梁沙化封禁项目区红沙群落封育前后土壤中粉粒与黏粒含量

土壤养分分析结果表明，红沙群落封育后样点 7 土壤有机质和全氮显著高于对照未封育地段，而土壤有效氮（碱解氮）、土壤全磷和土壤有效磷以及 pH 值差异均不显著（图 5-5）。各层养分状况见表 5-4。

表 5-4 酸枣梁沙化封禁区红沙群落封育前后各层土壤养分状况

土层（cm）	样地	有机质（g/kg）	全氮（g/kg）	碱解氮（mg/kg）	全磷（g/kg）	速效磷（mg/kg）	pH
0	对照	1.46±0.11[a]	0.30±0.01[a]	19.34±2.41[a]	0.35±0.01[b]	4.30±0.22[ab]	8.77±0.19[a]
	7	4.72±0.90[b]	0.33±0.08[a]	41.13±8.80[a]	0.28±0.01[b]	4.63±0.28[b]	8.94±0.04[a]
	12	2.62±0.78[ab]	0.27±0.01[a]	33.63±14.34[a]	0.11±0.05[a]	3.58±0.18[a]	8.64±0.12[a]
20	对照	0.83±0.08[ab]	0.17±0.01[ab]	18.35±0.83[a]	0.28±0.03[a]	2.32±0.52[a]	9.05±0.28[a]
	7	0.67±0.28[a]	0.23±0.02[b]	20.75±3.10[a]	0.28±0.04[a]	2.25±0.31[a]	8.95±0.04[a]
	12	1.36±0.14[b]	0.14±0.01[a]	13.07±3.44[a]	0.16±0.08[a]	1.38±0.43[a]	9.03±0.15[a]
40	对照	0.80±0.20[ab]	0.14±0.02[a]	14.98±1.07[ab]	0.64±0.35[a]	0.78±0.37[a]	9.01±0.25[a]
	7	0.52±0.14[a]	0.26±0.01[b]	22.16±3.64[b]	0.27±0.10[a]	2.12±0.34[b]	8.84±0.03[a]
	12	1.32±0.10[b]	0.16±0.01[a]	10.63±0.77[a]	0.28±0.02[a]	0.37±2.20[ab]	9.28±0.13[a]

注：字母相同者差异不显著，字母不同者差异显著，下同。

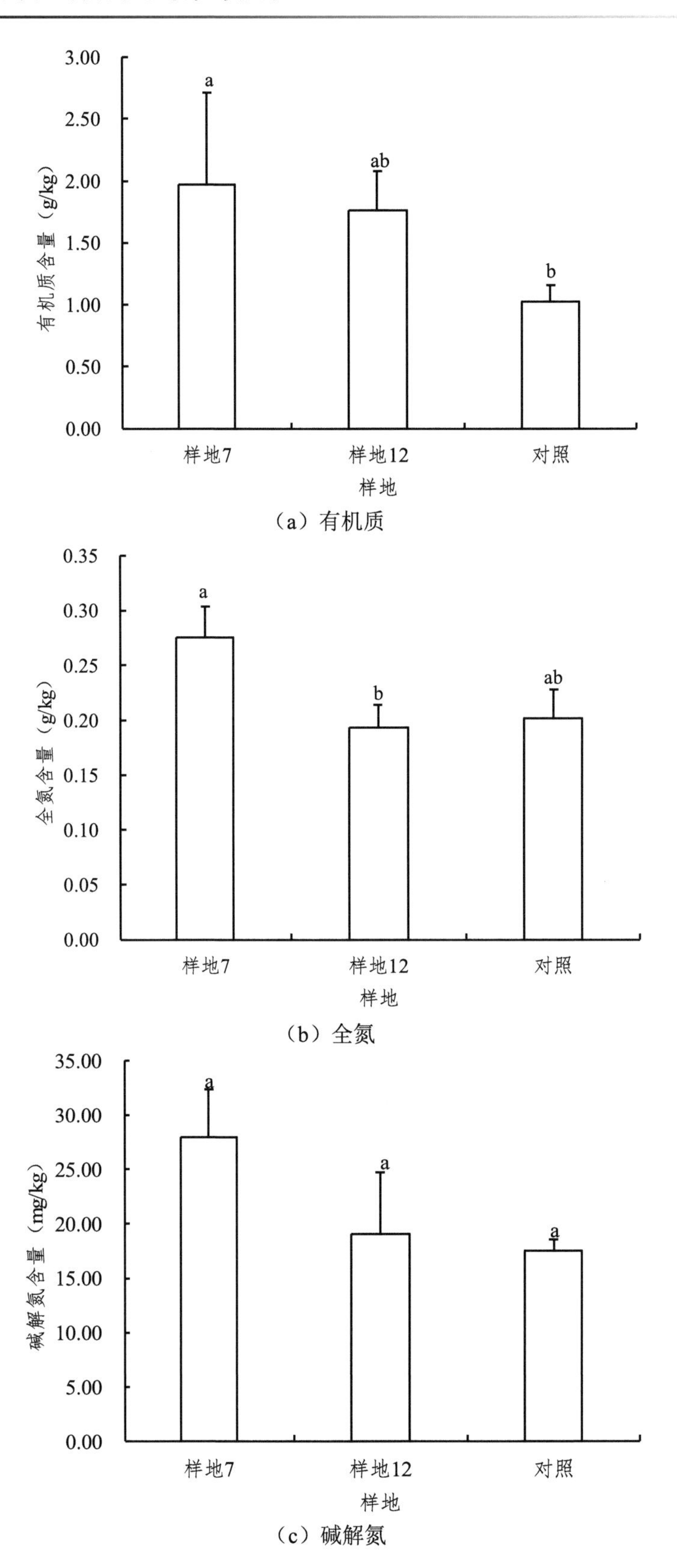

（a）有机质

（b）全氮

（c）碱解氮

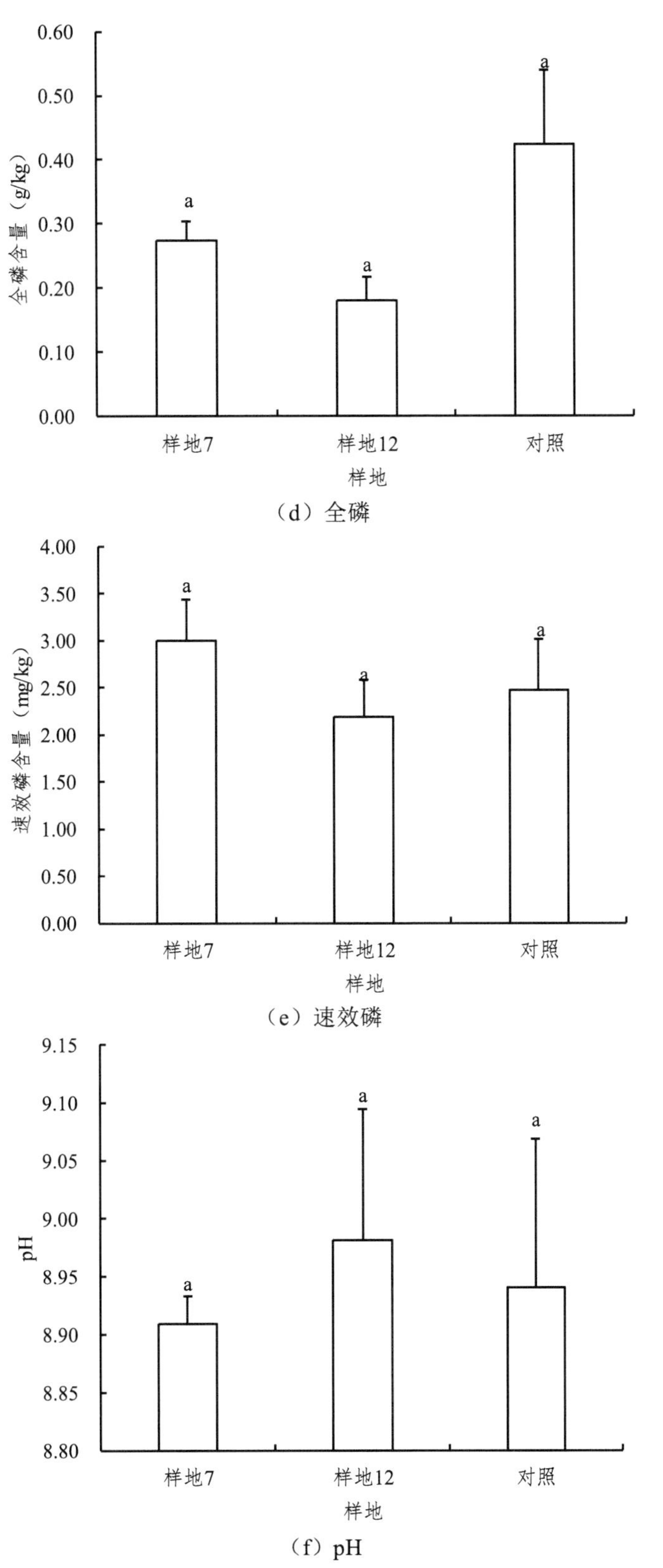

（d）全磷

（e）速效磷

（f）pH

图 5-5　酸枣梁沙化封禁区红沙群落封育前后样地 0～40 cm 土壤养分状况

第四节 流动沙地封禁前后土壤理化状况

酸枣梁沙化封禁区流动沙地封育前后土壤颗粒粒度见表 5-5。

酸枣梁沙化封禁区流动沙地（对照未封育地段，样地 16）小于 0.071 毫米的黏粒和粉粒含量为 12.52%，而流动沙地封育后沙蓬群落（样地 17）的黏粒和粉粒含量为 24.74%，雾冰藜群落（样地 13）的黏粒和粉粒含量为 48.33%，二者显著高于流动沙地（图 5-6）。沙蓬群落和雾冰藜群落的黏粒和粉粒含量显著高于流动沙地，这是由于沙蓬和雾冰藜侵入后，风沙流中许多细颗粒物质被沙蓬和雾冰藜植冠所截留，留在群落中，另一方面，沙蓬和雾冰藜侵入后，它们的枯枝落叶覆盖地表并分解，二者在雨水的淋溶下不断下移，细颗粒物质显著增多。

表 5-5 酸枣梁沙化封禁区流动沙地封育前后土壤颗粒粒度特征（%）

类型	经纬度	样方	土层（cm）	粒径（mm）					
				砾	粗砂	中粗砂	中砂	细砂	粉粒黏粒
				>2	2～0.55	0.56～0.49	0.5～0.24	0.25～0.071	<0.071
流动沙地（对照）	N37°29′41″ E106°22′7″	1	0～2	0.00	0.20	1.04	58.30	31.60	8.86
			20	0.00	0.25	2.13	55.37	28.62	13.63
			40	0.00	0.34	3.46	50.48	27.35	18.37
		2	0～2	0.00	0.00	0.00	59.21	33.85	6.93
			20	0.00	0.00	0.00	28.72	38.93	32.35
			40	0.00	0.00	0.00	14.95	75.47	9.58
		3	0～2	0.00	0.00	5.44	83.19	9.73	1.64
			20	0.00	0.00	0.04	42.77	49.50	7.69
			40	0.00	0.00	0.23	37.89	48.23	13.65
沙蓬群落	N37°29′41″ E106°22′7″	1	0～2	0.00	0.00	4.48	42.83	45.17	7.52
			20	0.00	0.00	0.00	2.10	72.84	25.06
			40	0.00	0.00	0.78	3.53	70.12	25.57
		2	0～2	0.00	0.16	1.12	34.03	41.96	22.73
			20	0.00	0.24	2.34	31.08	38.97	27.37
			40	0.00	0.35	3.87	28.95	36.74	30.09
		3	0～2	0.00	0.00	0.72	30.99	48.31	19.98
			20	0.00	0.00	1.78	35.32	47.85	15.05
			40	0.00	0.00	0.00	0.76	49.91	49.33
雾冰藜群落	N37°36′33″ E106°19′34″	1	0～2	0.00	0.00	0.00	7.59	51.74	40.67
			20	0.00	0.00	0.15	8.12	45.37	46.36
			40	0.00	0.00	0.18	10.48	39.20	50.14

续表

类型	经纬度	样方	土层（cm）	粒径（mm）					
				砾	粗砂	中粗砂	中砂	细砂	粉粒黏粒
				>2	2～0.55	0.56～0.49	0.5～0.24	0.25～0.071	<0.071
雾冰藜群落	N37°36′33″ E106°19′34″	2	0～2	0.00	0.00	0.00	3.50	50.28	46.22
			20	0.00	0.00	0.20	5.21	47.34	47.25
			40	0.00	0.00	1.13	6.37	46.27	46.23
		3	0～2	0.00	0.08	0.18	12.33	42.33	45.09
			20	0.00	0.00	0.00	7.02	35.74	57.24
			40	0.00	0.00	0.60	8.98	34.69	55.73

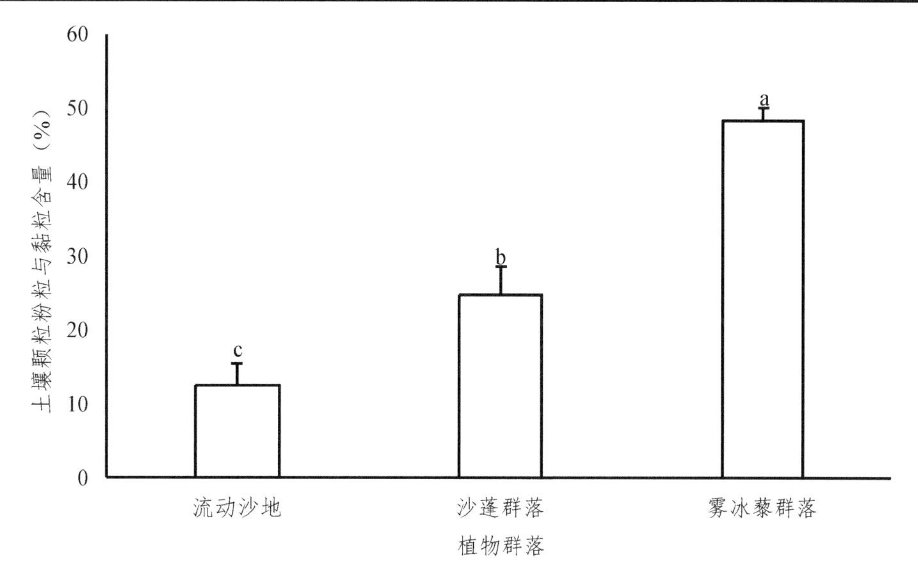

图 5-6 酸枣梁沙化封禁项目区流动沙地封育前后土壤中粉粒与黏粒含量

表 5-6 酸枣梁沙化封禁区流动沙地封育前后土壤养分特征

样地	经纬度	群落	土层（cm）	有机质（g/kg）	全氮（g/kg）	碱解氮（mg/kg）	全磷（g/kg）	速效磷（mg/kg）	pH
16	N37°29′41″ E106°22′7″	流动沙地	0	$0.297±0.070^a$	$0.028±0.006^b$	$5.900±0.258^b$	$0.075±0.004^a$	$3.433±0.180^a$	$9.397±0.019^c$
			20	$0.017±0.012^a$	$0.023±0.009^a$	$2.820±0.895^a$	$0.090±0.006^a$	$2.573±0.454^a$	$9.213±0.149^a$
			40	$0.073±0.038^a$	$0.030±0.003^a$	$4.743±0.475^a$	$0.088±0.013^a$	$1.157±0.223^a$	$9.147±0.095^a$
			0～40	$0.129±0.049^a$	$0.027±0.003^b$	$4.488±0.728^b$	$0.084±0.005^a$	$2.388±0.366^a$	$9.252±0.064^a$
17	N37°29′41″ E106°22′7″	沙蓬群落	0	$0.427±0.130^a$	$0.054±0.003^b$	$6.687±1.349^b$	$0.111±0.011^a$	$4.037±0.419^a$	$9.210±0.023^b$
			20	$0.120±0.075^a$	$0.051±0.023^a$	$5.240±1.755^a$	$0.087±0.021^a$	$3.147±0.063^a$	$9.190±0.081^a$
			40	$2.060±1.041^a$	$0.120±0.033^a$	$8.400±1.448^a$	$0.179±0.034^a$	$1.543±0.117^a$	$9.250±0.221^a$
			0～40	$0.869±0.428^a$	$0.075±0.016^a$	$6.776±0.890^b$	$0.126±0.018^a$	$2.909±0.386^a$	$9.217±0.069^a$

续表

样地	经纬度	群落	土层（cm）	有机质（g/kg）	全氮（g/kg）	碱解氮（mg/kg）	全磷（g/kg）	速效磷（mg/kg）	pH
13	N37°36′33″ E106°19′34″	雾冰藜群落	0	0.730±0.306[a]	0.096±0.012[a]	23.443±6.183[a]	0.098±0.048[a]	3.147±0.469[a]	8.957±0.045[a]
			20	0.427±0.202[a]	0.061±0.008[a]	7.917±1.348[a]	0.088±0.041[a]	2.763±0.175[a]	9.097±0.098[a]
			40	0.457±0.151[a]	0.105±0.018[a]	8.980±3.592[a]	0.160±0.022[a]	1.390±0.424[a]	9.253±0.027[a]
			0～40	0.538±0.124[a]	0.087±0.009[a]	13.447±3.268[a]	0.115±0.022[a]	2.433±0.327[a]	9.102±0.054[a]

注：不同植物群落同一土层同一指标进行比较。

养分统计结果表明，流动沙地封育后，土壤养分显著增加，尤其是土壤氮含量显著增加。沙蓬群落和雾冰藜群落与流动沙地相比，0～40 厘米土壤有机质含量三者没有显著差异（表 5-6），但沙蓬群落和雾冰藜群落中土壤全氮含量和碱解氮含量较流动沙地显著增加（表 5-6），而全磷、有效磷和 pH 值均变化不显著（表 5-6）。进一步统计分析发现，沙蓬群落和雾冰藜群落与流动沙地土壤养分的差异体现于地表 0 厘米，也就是说，沙蓬群落和雾冰藜群落与流动沙地相比，地表 0 厘米土壤全氮含量和有效氮含量显著增加（表 5-6），而土壤有机质、全磷、有效磷和 pH 值变化均不显著；而地表 20 厘米和 40 厘米处土壤全氮含量和碱解氮、土壤有机质、全磷、有效磷和 pH 值变化均不显著（表 5-6）。值得指出的是，0 厘米土壤 pH 值雾冰藜群落显著低于沙蓬群落、二者又显著低于流动沙地。这说明枯枝落叶作用于地表增加了土壤全氮和碱解氮，降低了土壤 pH 值，促进了土壤微生物的代谢。这一部分的研究内容也反映了沙丘地植被恢复过程中土壤养分变化的规律。

第五节 补种柠条前后土壤理化状况

酸枣梁沙化封禁区补种柠条前后土壤颗粒粒度见表 5-7。

样地 5 带状整地后种植柠条，属黄蒿群落（土壤样品 S013～S015），位于 N37°33′43″、E106°25′30″，海拔 1380 米。黄蒿盖度 55%，高度 18 厘米。样地 6 是样地 5 的对照（土壤样品 S016～S018），经纬度和海拔高度同样地 5。

样地 10 带状整地后种植柠条，属狼尾草群落（土壤样品 S028～S030），位于 N37°35′18″、E106°22′21″，海拔 1300 米。种植小叶锦鸡儿，二年生最高 25 厘米，出苗状况一般。狼尾草盖度 60%，高 20 厘米。样地 11 是样地 10 的对照（土壤样品 S031～S033），经纬度和海拔高度同样地 10。

表 5-7 酸枣梁沙化封禁区补种柠条前后土壤颗粒粒度特征（%）

类型	经纬度	样方	土层（cm）	粒径（mm）					
				砾	粗砂	中粗砂	中砂	细砂	粉粒黏粒
				>2	2～0.55	0.56～0.49	0.5～0.24	0.25～0.071	<0.071
样地 5	N37°33′43″ E106°25′30″	1	0～2	0.00	0.00	1.80	18.91	35.78	43.51
			20	0.00	0.21	1.95	20.20	34.10	43.54
			40	0.00	0.34	2.45	18.90	33.72	44.59

续表

类型	经纬度	样方	土层（cm）	粒径（mm）					
				砾	粗砂	中粗砂	中砂	细砂	粉粒黏粒
				>2	2～0.55	0.56～0.49	0.5～0.24	0.25～0.071	<0.071
样地 5	N37°33′43″ E106°25′30″	2	0～2	0.00	0.00	1.40	4.89	26.63	67.09
			20	0.00	0.13	2.54	10.25	27.82	59.26
			40	0.00	0.28	4.32	15.23	25.87	54.30
		3	0～2	0.00	0.18	5.87	28.73	24.38	40.83
			20	0.00	0.14	7.82	7.18	30.24	54.62
			40	0.00	0.48	7.77	20.28	18.30	53.18
样地 6（对照）	N37°33′43″ E106°25′30″	1	0～2	0.00	0.36	2.60	9.36	19.23	68.45
			20	0.00	0.42	3.57	10.54	23.46	62.01
			40	0.00	0.63	5.85	12.34	22.86	58.32
		2	0～2	0.00	0.00	0.78	4.46	28.65	66.11
			20	0.00	0.00	1.20	5.03	24.10	69.67
			40	0.00	0.00	0.90	3.04	16.18	79.88
		3	0～2	0.00	0.12	4.28	9.74	16.73	69.13
			20	0.00	0.38	4.12	9.74	15.10	70.66
			40	0.00	0.39	5.32	11.25	16.20	66.84
样地 10	N37°35′18″ E106°22′21″	1	0～2	0.00	0.32	4.91	29.60	13.16	52.01
			20	0.00	0.43	6.16	26.70	13.50	53.21
			40	0.00	0.48	7.21	25.27	15.63	51.41
		2	0～2	0.00	0.00	1.64	23.65	21.78	52.93
			20	0.00	0.62	3.52	13.37	20.10	62.39
			40	0.00	0.67	5.28	15.48	19.26	59.31
		3	0～2	0.00	0.00	1.28	17.73	25.17	55.82
			20	0.00	0.35	2.87	15.27	22.74	58.77
			40	0.00	0.64	3.76	10.69	18.75	66.17
样地 11（对照）	N37°35′18″ E106°22′21″	1	0～2	0.00	0.00	1.98	20.23	31.46	46.33
			20	0.00	0.16	3.10	18.13	26.75	51.86
			40	0.00	0.23	4.65	21.26	48.74	25.12
		2	0～2	0.00	0.14	2.68	15.45	25.86	55.87
			20	0.00	0.58	3.20	14.44	20.72	61.06
			40	0.00	0.65	4.74	15.68	22.35	56.58
		3	0～2	0.00	0.02	1.70	22.97	28.99	46.32
			20	0.00	0.13	2.20	18.95	43.76	34.96
			40	0.00	0.27	3.89	21.22	40.16	34.46

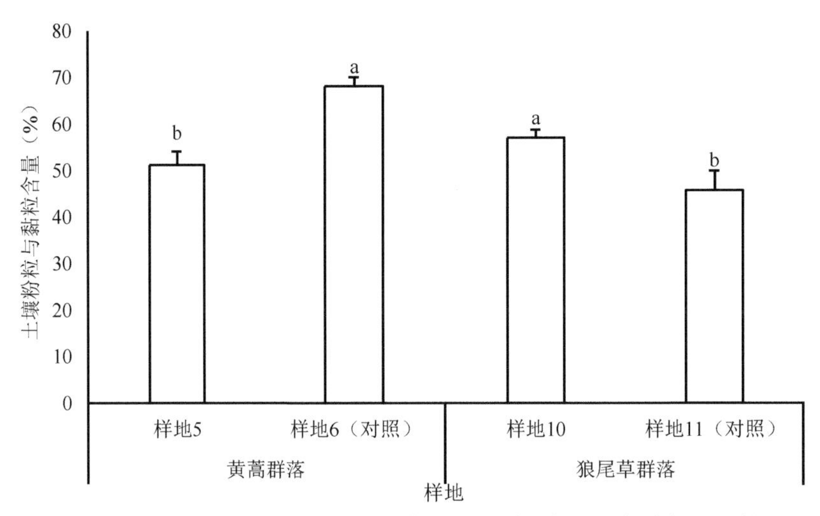

图 5-7　酸枣梁沙化封禁区补种柠条前后土壤粉粒和黏粒的粒度比较

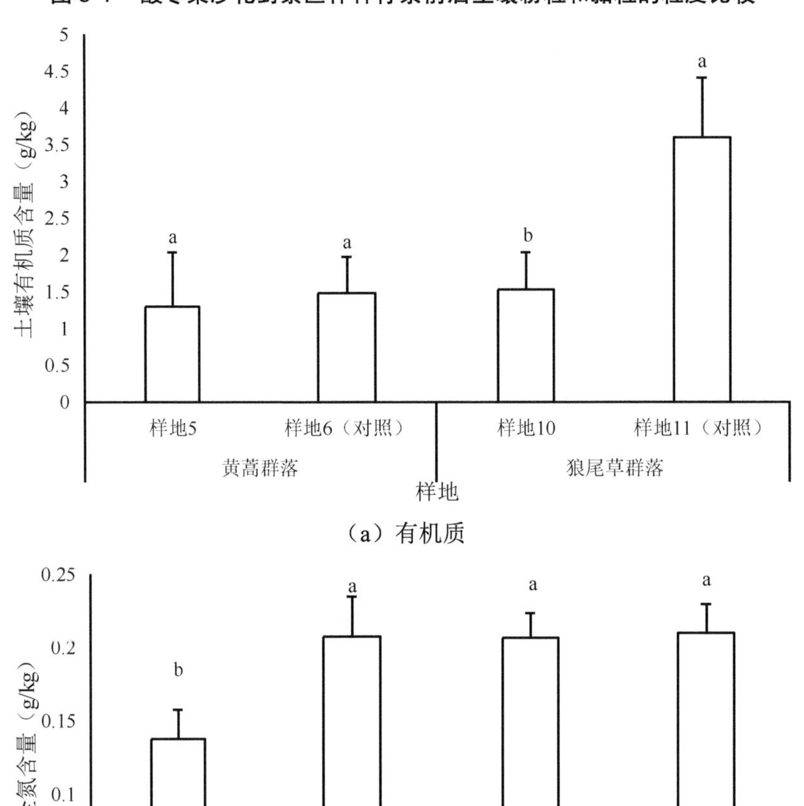

（a）有机质

（b）全氮

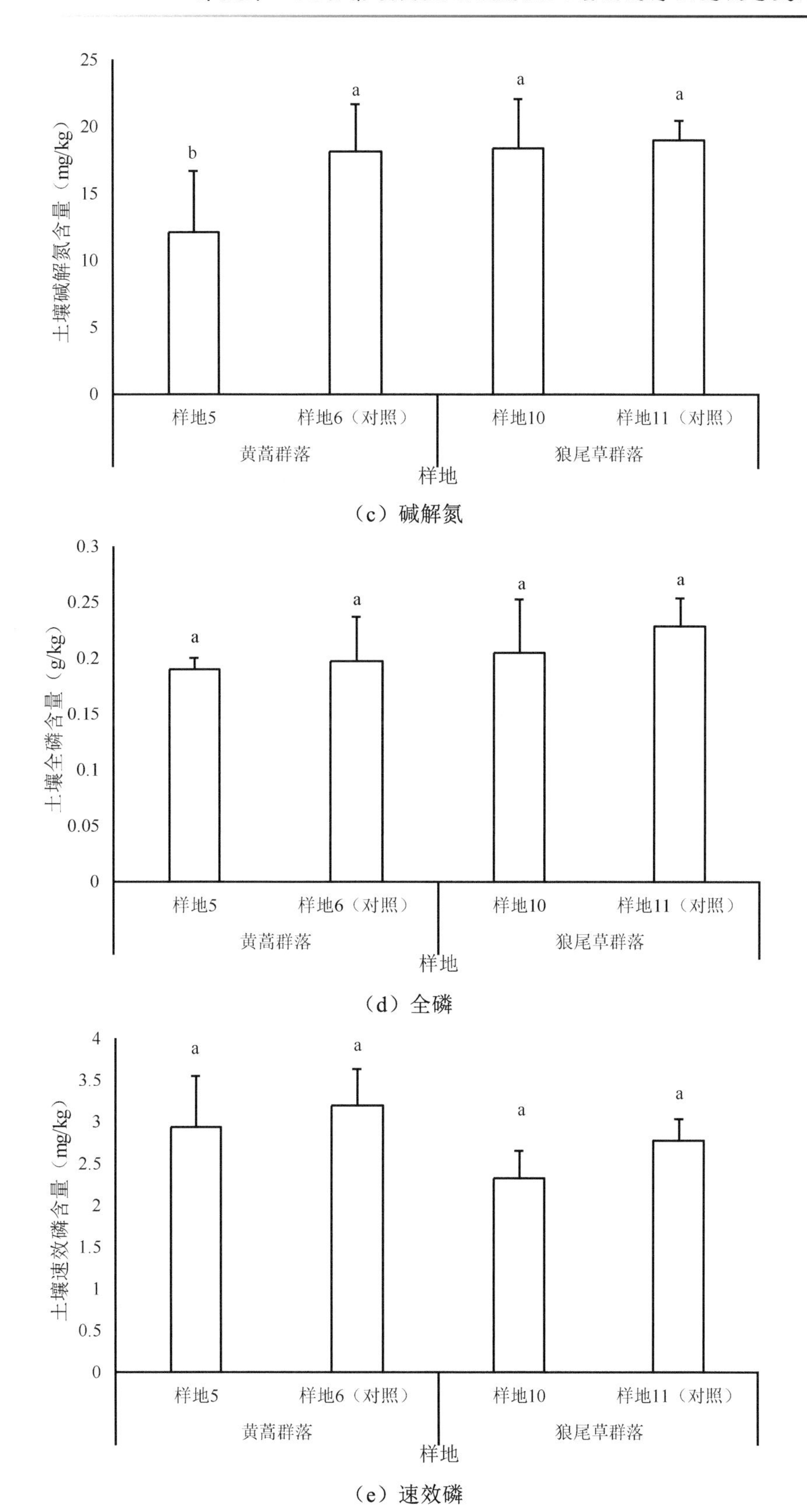

（c）碱解氮

（d）全磷

（e）速效磷

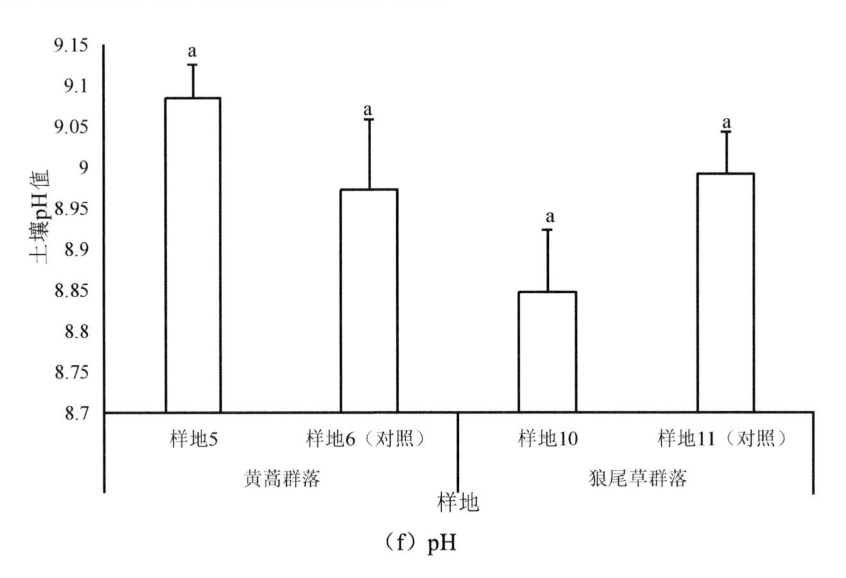

（f）pH

图 5-8 酸枣梁沙化封禁区种植柠条前后样地 0～40 cm 土壤养分状况

土壤粉粒和黏粒含量比较表明（图 5-7），黄蒿群落地段补种柠条后土壤粉粒和黏粒含量显著增高，而狼尾草群落地段补种柠条后土壤粉粒和黏粒含量显著降低。我们认为这是原来地段土壤质地的原因。

从图 5-8 可知，黄蒿群落中补植柠条，补植地段土壤有机质有所增加但增加不显著，但补植地段的全氮和碱解氮含量显著高于对照，全磷、速效磷和 pH 值的变化不显著；而在狼尾草补植柠条地段，补植地段的土壤有机质显著高于对照，但其他指标均变化不显著。这可能是这种变化需要一个过程。

第六节 补种籽蒿和沙打旺前后土壤理化状况

酸枣梁沙化封禁区补种籽蒿和沙打旺前后土壤颗粒粒度见表 5-8。

表 5-8 酸枣梁沙化封禁区补种籽蒿和沙打旺前后土壤颗粒粒度特征（%）

植物群落	经纬度	样方	土层（cm）	粒径（mm）					
				砾	粗砂	中粗砂	中砂	细砂	粉粒黏粒
				>2	2～0.55	0.56～0.49	0.5～0.24	0.25～0.071	<0.071
籽蒿群落	N37°32′48″ E106°27′52″	1	0～2	0.00	0.10	3.90	39.04	22.74	34.22
			20	0.04	0.34	2.16	11.66	49.86	35.94
			40	0.04	0.40	2.83	12.54	45.20	38.99
		2	0～2	0.00	0.00	3.12	37.41	23.85	35.62
			20	0.00	1.52	2.38	40.97	31.87	23.26
			40	0.00	0.18	3.90	24.75	32.37	38.80
		3	0～2	0.00	0.00	3.08	31.44	35.26	30.22
			20	0.00	0.48	3.20	19.94	24.62	51.76
			40	0.00	0.52	3.45	20.23	23.68	52.12

续表

植物群落	经纬度	样方	土层（cm）	粒径（mm）					
				砾	粗砂	中粗砂	中砂	细砂	粉粒黏粒
				>2	2～0.55	0.56～0.49	0.5～0.24	0.25～0.071	<0.071
对照	N37°29′41″ E106°22′7″	1	0～2	0.00	0.20	1.04	58.30	31.60	8.86
			20	0.00	0.25	2.13	55.37	28.62	13.63
			40	0.00	0.34	3.46	50.48	27.35	18.37
		2	0～2	0.00	0.00	0.00	59.21	33.85	6.93
			20	0.00	0.00	0.00	28.72	38.93	32.35
			40	0.00	0.00	0.00	14.95	75.47	9.58
		3	0～2	0.00	0.00	5.44	83.19	9.73	1.64
			20	0.00	0.00	0.04	42.77	49.50	7.69
			40	0.00	0.00	0.23	37.89	48.23	13.65

显然，补植籽蒿与沙打旺地段土壤粉粒与黏粒含量显著高于对照地段（流动沙地）（图 5-9）。

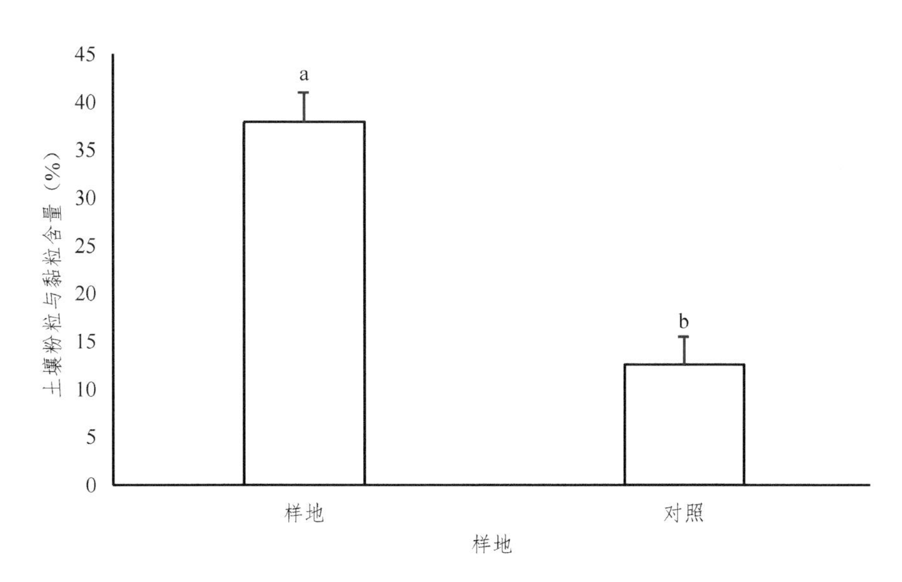

图 5-9 酸枣梁沙化封禁区补种籽蒿与沙打旺前后土壤粉粒和黏粒的粒度比较

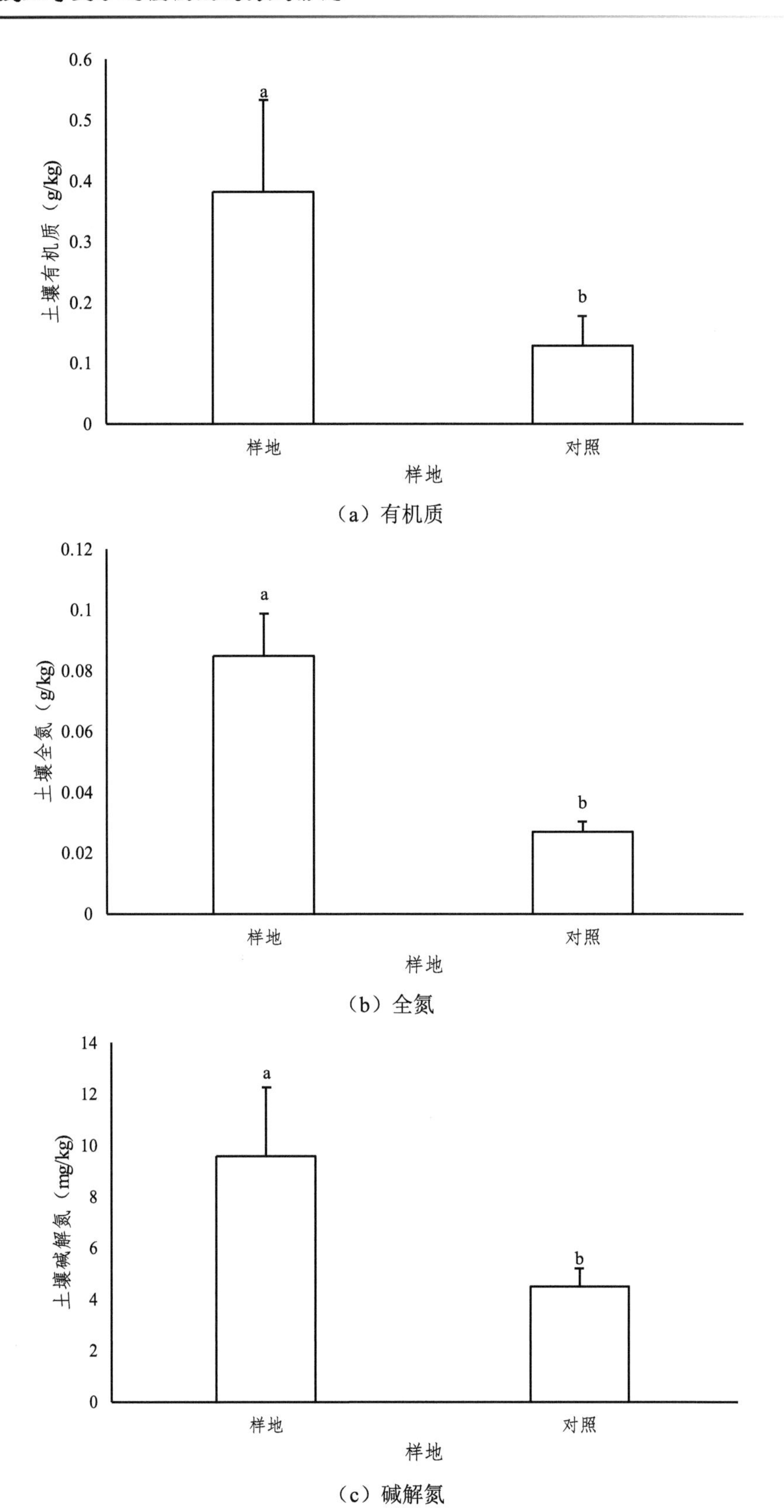

（a）有机质

（b）全氮

（c）碱解氮

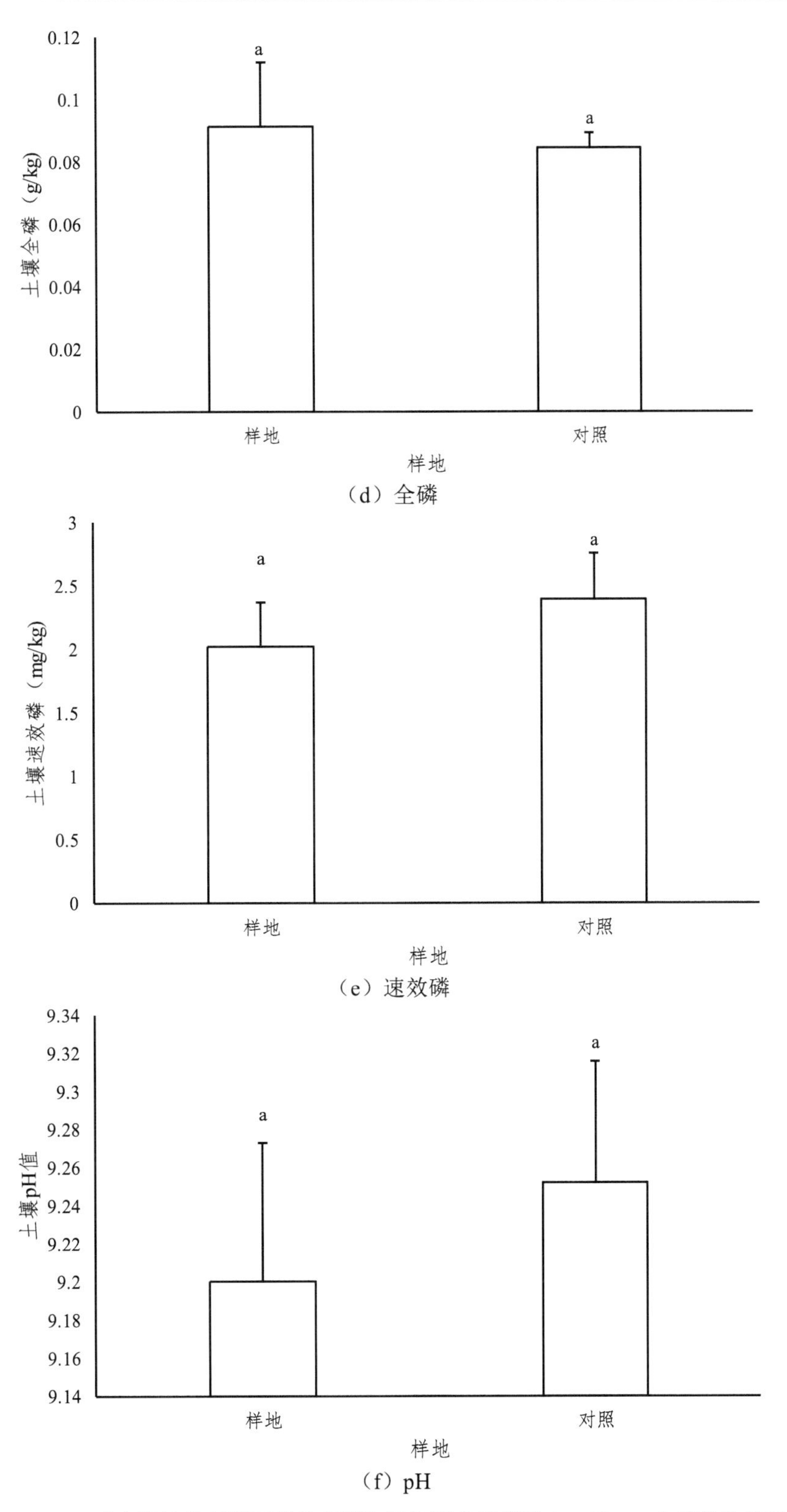

图 5-10　酸枣梁沙化封禁区种植籽蒿与沙打旺前后样地 0～40 cm 土壤养分状况

从图 5-10 中可以看出，与对照相比，种植籽蒿和沙打旺后，土壤养分、全氮和碱解氮显著增加，而土壤全磷、速效磷和 pH 值变化不显著。这再一次证明：沙地植被恢复的初期阶段主要是氮变化。

第七节 扎设草方格后土壤理化状况

酸枣梁沙化封禁区扎设草方格前后土壤颗粒粒度见表 5-9。

表 5-9 酸枣梁沙化封禁区扎设草方格前后土壤颗粒粒度特征（%）

样地	经纬度	样方	土层（cm）	粒径（mm）					
				砾	粗砂	中粗砂	中砂	细砂	粉粒黏粒
				>2	2～0.55	0.56～0.49	0.5～0.24	0.25～0.071	<0.071
样地 2（对照）	N37°32′45″ E106°27′53″	1	0～2	0.00	0.00	4.12	33.44	31.18	31.26
			20	0.00	0.14	3.90	24.80	47.08	24.08
			40	0.00	0.23	4.08	23.34	37.86	34.49
		2	0～2	0.00	0.04	3.32	8.76	32.76	55.12
			20	0.00	0.10	4.45	11.35	33.80	50.30
			40	0.00	0.20	5.34	12.35	31.21	50.90
		3	0～2	0.00	0.06	0.42	15.00	52.70	31.82
			20	0.00	0.23	1.58	18.92	45.79	33.48
			40	0.00	0.00	0.00	14.17	56.27	29.56
样地 4	N37°34′29″ E106°25′47″	1	0～2	0.00	0.38	4.70	13.62	35.30	46.00
			20	0.00	0.14	2.80	15.94	31.06	50.06
			40	0.00	0.10	3.20	16.10	30.23	50.37
		2	0～2	0.00	0.00	0.08	7.69	45.79	46.43
			20	0.00	0.00	3.23	12.43	42.68	41.66
			40	0.00	0.00	2.72	16.30	37.37	43.61
		3	0～2	0.00	0.00	0.22	13.94	38.19	47.65
			20	0.00	0.12	1.23	15.47	36.23	46.95
			40	0.00	0.23	2.80	14.89	34.83	47.25

样地 2 为对照油蒿群落，位于 N37°32′45″、E106°27′53″，海拔 1370 m，采样号为 S004～S006。油蒿群落中伴生黄蒿、猫头刺、沙蓬、绳虫实。群落盖度 75%。样地 4 为油蒿群落，过去的油蒿保留，群落内 2014 年扎设草方格，位于 N37°34′29″、E106°25′47″，海拔 1370 m，属项目区东界，采样号为 S010～S012。

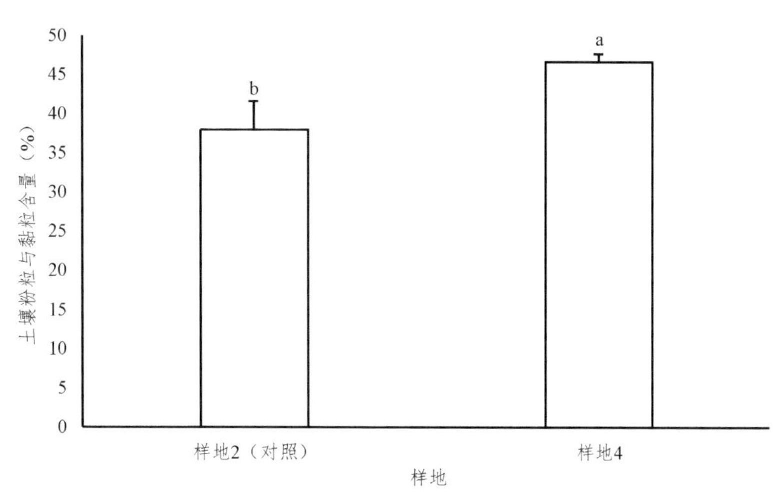

图 5-11 酸枣梁沙化封禁区扎设草方格前后土壤粉粒与黏粒颗粒粒度比较

统计结果表明，油蒿群落内扎设草方格后土壤粉粒与黏粒显著增加（图 5-11）。这是由于扎设草方格后，地表粗糙度显著变化，阻留截留了大量的细颗粒物质。

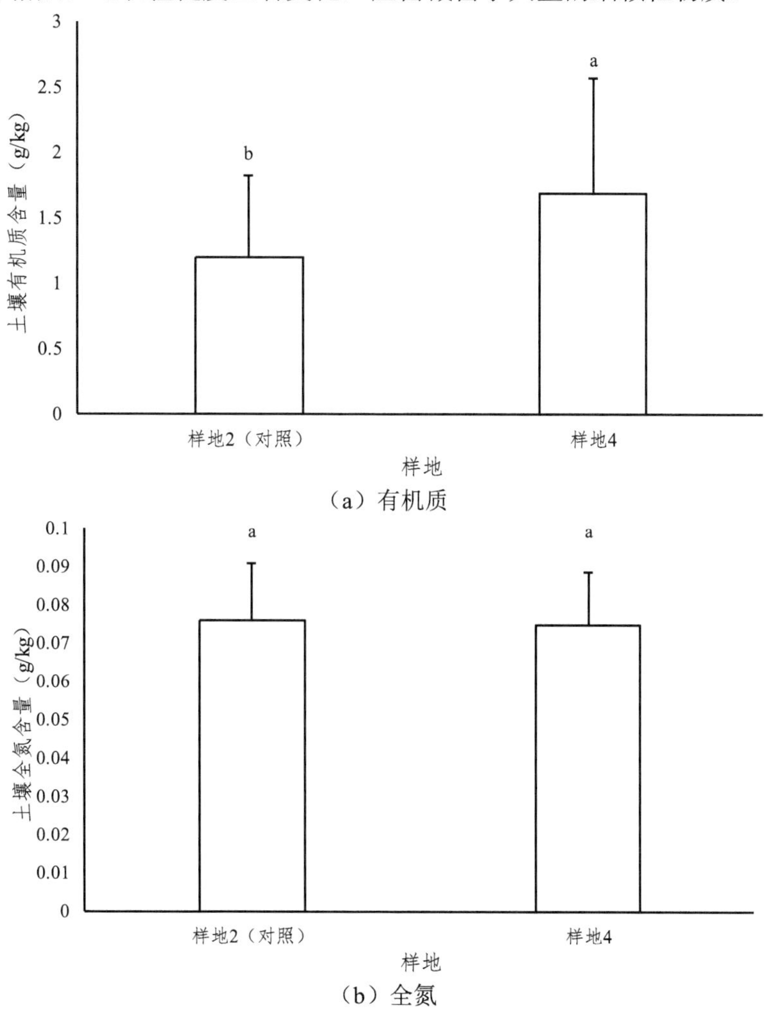

（a）有机质

（b）全氮

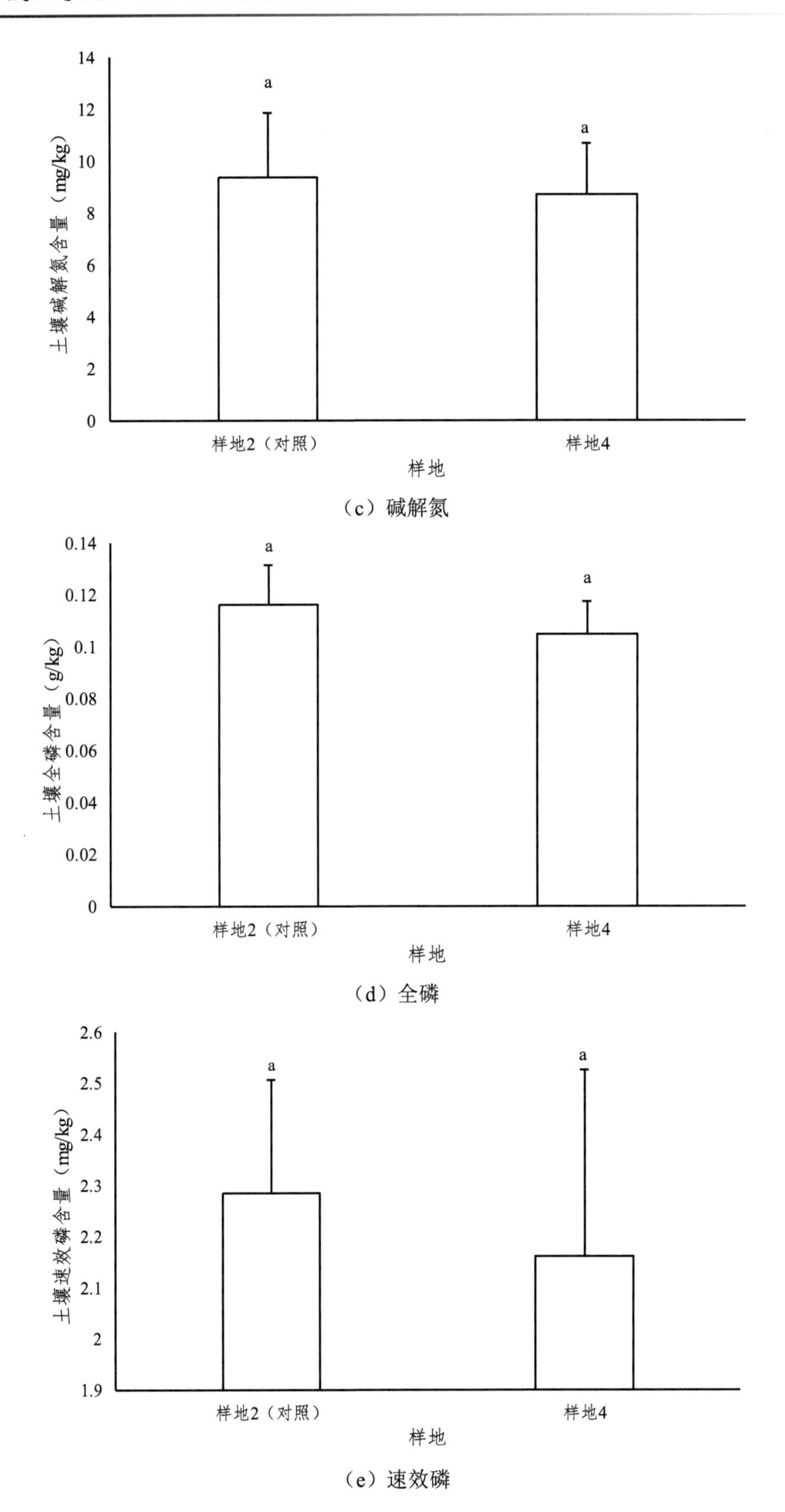

（c）碱解氮

（d）全磷

（e）速效磷

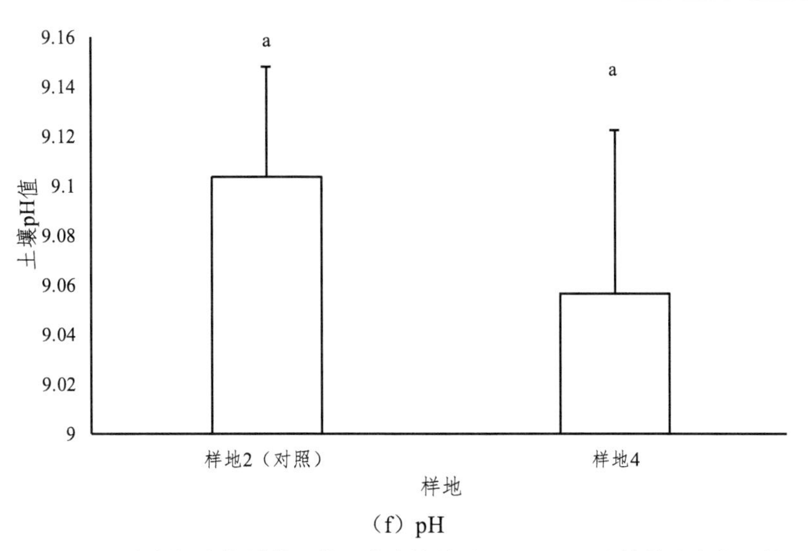

（f）pH

图 5-12 酸枣梁沙化封禁区扎设草方格前后 0～40 cm 土壤养分变化比较

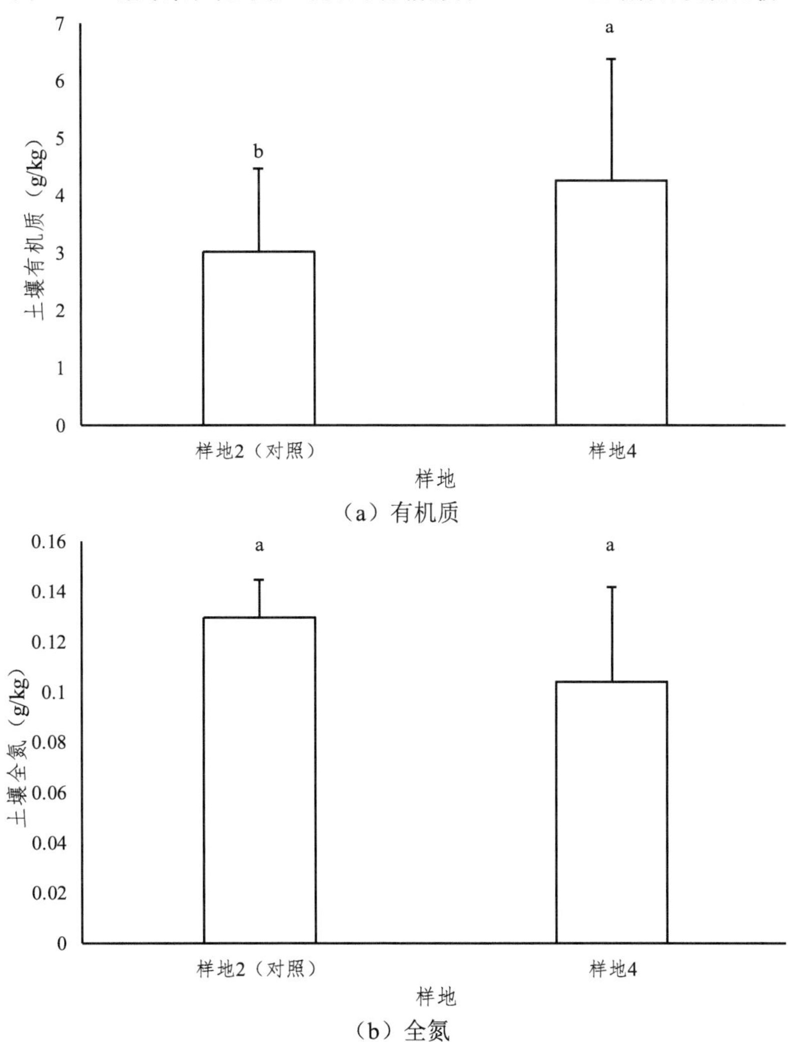

（a）有机质

（b）全氮

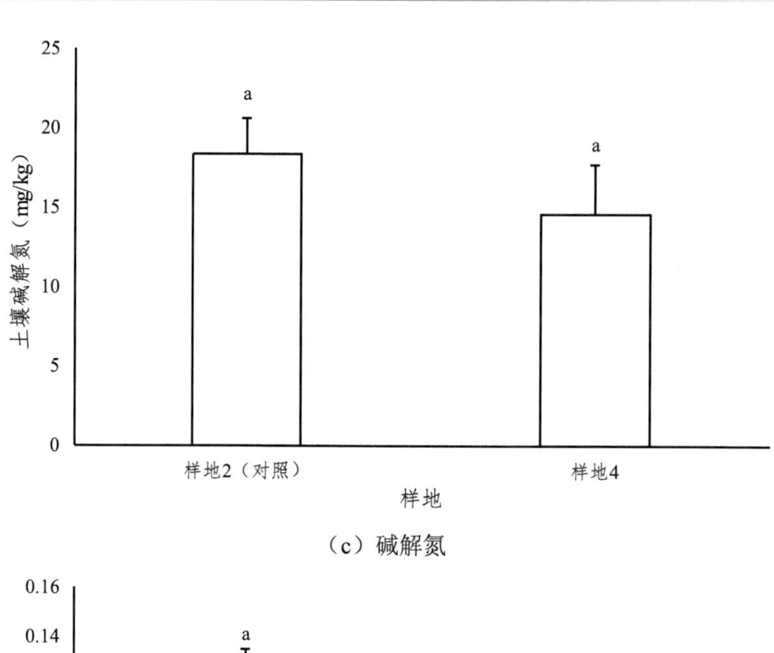

（c）碱解氮

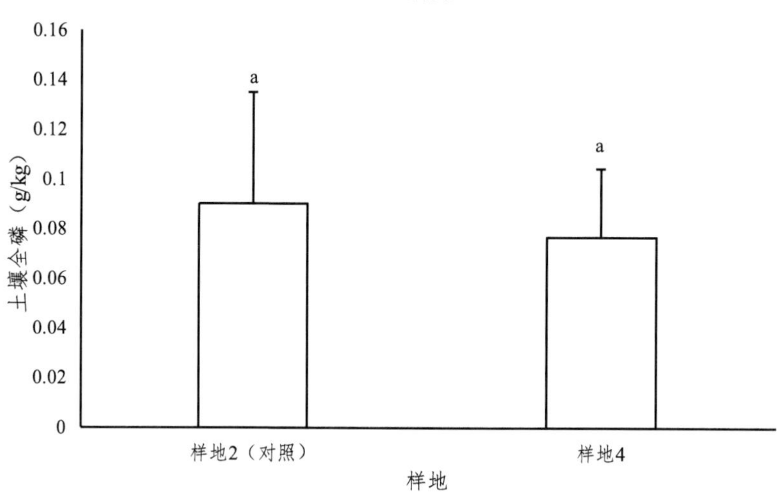

（d）全磷

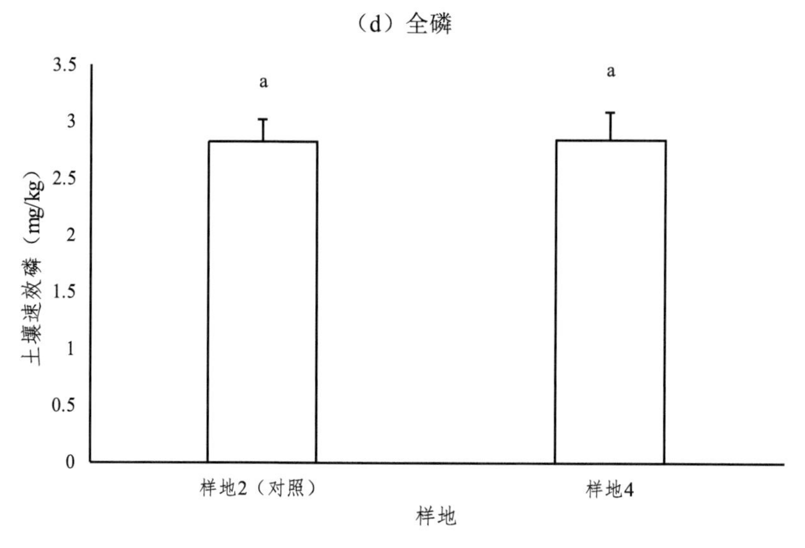

（e）速效磷

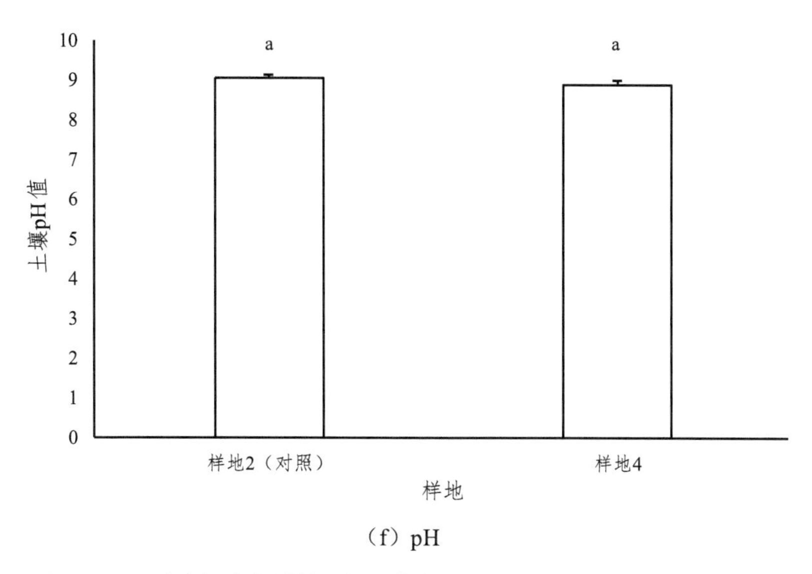

（f）pH

图 5-13　酸枣梁沙化封禁区扎设草方格前后 0 cm 土壤养分变化比较

养分统计结果表明，扎设草方格，油蒿群落内 0～40 厘米土壤有机质显著高于对照（图 5-12），这是由于地表 0 厘米土壤有机质显著增加的结果（图 5-13）。如上所述，扎设草方格后，大量细颗粒物质被截留，地表土壤有机质含量自然增加了。值得指出的是，扎设草方格后无论是 0～40 厘米还是 0 厘米，除了地表有机质显著变化外，其他指标如全氮、全磷、速效氮和速效磷均无显著变化，这是由于土壤有机质分解释放有一个时间过程。

第八节　封育后其他典型植物群落土壤理化状况

酸枣梁沙化封禁区封育后，自然植被恢复良好，枯枝落叶大量凋落，增加了土壤有机质，反过来促进植被的恢复。在这次调查中，我们还调查了如下的典型群落：

样地 8——芨芨草群落

位于 N37°34′51″、E106°23′4″，海拔 1330 米。干梁地。芨芨草盖度 25%，高度 1.8 米。伴生黄蒿、猫头刺、阿尔泰狗娃花、大蓟、狼尾草、达乌里胡枝子。

样地 9——寸草苔群落

位于 N37°34′51″、E106°23′3″，海拔 1320 米。下面母质是羊肝石（紫红色页岩）。寸草苔盖度 60%，高 5 厘米。伴生黄蒿（盖度 40%）、猫头刺、大蓟、砂珍棘豆、狭叶沙生大戟、单叶车前、扁秆藨草、大花蒿、发菜、狭叶米口袋、细叶韭。

样地 14——狼尾草群落

位于 N37°36′16″、E106°21′59″，海拔 1280 米。群落盖度 50%，高 9 厘米。原沙葱占优势。

样地 19——杠柳群落

位于 N37°30′35″、E106°21′57″，海拔 1300 米。原生植被猫头刺、长芒草、酸枣、骆驼蓬、冬青叶兔唇花、宁夏黄芪、沙葱、白草、达乌里胡枝子、包鞘隐子草、黄蒿、冷蒿、大蓟和百花蒿，恢复模板。该群落中黄蒿密布，黄蒿盖度 60%，高 35 厘米。

样地 20——猫头刺群落

位于 N37°30′35″、E106°21′0″，海拔 1290 米。猫头刺盖度 10%，高 20 厘米。伴生长芒草、达乌里胡枝子、大苞鸢尾、叉枝鸦葱、牛心朴子、宁夏黄芪、大蓟、草木樨状黄芪、油蒿（人工）、白刺。菟丝子和细叶苦荬菜。

样地 21——沙冬青群落

位于 N37°30′50″、E106°20′40″，海拔 1280 米。沙冬青盖度 35%，高 110 厘米，能够天然繁殖。伴生天然植物长芒草、宿根亚麻、大蓟、黄蒿、牛心朴子和绳虫实。人工种植沙打旺、籽蒿。

酸枣梁沙化封禁区封育后其他典型植物群落中的土壤颗粒粒度状况见表 5-10。

从图 5-14 中可以看出，寸草苔群落和狼尾草群落中土壤粉粒和黏粒含量较高，猫头刺群落和沙冬青群落中土壤粉粒和黏粒含量次之，芨芨草群落和杠柳群落中土壤粉粒和黏粒含量较低。

表 5-10　酸枣梁沙化封禁区封育后其他典型植物群落的土壤颗粒粒度特征（%）

植物群落	经纬度	样方	土层（cm）	粒径（mm）					
				砾	粗砂	中粗砂	中砂	细砂	粉粒黏粒
				>2	2～0.55	0.56～0.49	0.5～0.24	0.25～0.071	<0.071
芨芨草群落	N37°34′51″ E106°23′4″	1	0～2	0.00	0.19	5.65	25.76	18.87	49.53
			20	0.00	0.27	7.22	23.17	20.24	49.10
			40	0.00	0.39	8.86	22.13	20.12	48.50
		2	0～2	0.00	0.21	8.98	21.35	23.56	45.90
			20	0.00	0.60	19.74	33.77	22.78	23.12
			40	0.00	0.80	18.95	28.35	19.14	32.76
		3	0～2	0.00	0.00	4.37	51.23	21.23	23.17
			20	0.00	0.00	5.68	49.05	23.46	21.81
			40	0.00	0.10	7.49	48.39	24.37	19.65
寸草苔群落	N37°34′51″ E106°23′3″	1	0～2	0.00	0.00	3.98	13.67	23.89	58.46
			20	0.00	0.00	4.32	15.28	20.17	60.23
			40	0.00	0.10	5.78	16.73	18.95	58.44
		2	0～2	0.00	0.13	2.58	10.35	19.62	67.32
			20	0.00	0.26	3.40	8.10	17.51	70.74
			40	0.00	0.30	3.31	11.10	17.25	68.03
		3	0～2	0.00	0.00	1.89	15.68	25.54	56.89
			20	0.00	0.10	2.20	16.23	27.28	54.19
			40	0.00	0.13	4.12	17.35	25.84	52.56
狼尾草群落	N37°36′16″ E106°21′59″	1	0～2	0.00	0.16	3.89	10.37	18.64	66.94
			20	0.00	0.20	3.95	12.10	18.70	65.05
			40	0.00	0.68	4.04	11.15	23.10	61.03
		2	0～2	0.00	0.12	5.45	12.83	20.55	61.05
			20	0.00	0.21	6.25	14.75	21.26	57.53
			40	0.00	0.47	6.73	13.87	23.25	55.68
		3	0～2	0.00	0.76	8.83	8.71	13.82	67.89
			20	0.00	0.30	3.42	10.86	19.43	65.99
			40	0.00	0.42	4.48	12.67	21.27	61.16

续表

植物群落	经纬度	样方	土层（cm）	粒径（mm）					
				砾	粗砂	中粗砂	中砂	细砂	粉粒黏粒
				>2	2～0.55	0.56～0.49	0.5～0.24	0.25～0.071	<0.071
杠柳群落	N37°30′35″ E106°21′57″	1	0～2	0.00	0.00	2.56	25.38	38.76	33.30
			20	0.00	0.00	3.45	32.67	30.76	33.12
			40	0.00	0.00	4.84	33.57	32.15	29.44
		2	0～2	0.00	0.88	1.34	17.71	51.22	28.85
			20	0.00	0.34	0.82	26.67	42.06	30.11
			40	0.00	0.10	0.76	19.11	44.83	35.20
		3	0～2	0.00	0.08	4.10	45.33	32.46	18.03
			20	0.00	0.25	5.12	40.76	28.25	25.62
			40	0.00	0.32	6.08	38.59	23.46	31.55
猫头刺群落	N37°30′35″ E106°21′0″	1	0～2	0.00	0.54	3.68	13.68	42.88	39.22
			20	0.00	0.68	4.85	18.94	37.50	38.03
			40	0.00	0.72	5.43	16.73	34.67	42.45
		2	0～2	0.00	0.00	2.18	14.34	23.87	59.61
			20	0.00	0.16	2.42	9.62	20.58	67.23
			40	0.00	0.30	2.22	11.22	24.84	61.43
		3	0～2	0.00	0.00	1.46	27.24	49.67	21.63
			20	0.00	0.00	3.14	23.48	41.62	31.76
			40	0.00	0.10	4.23	22.78	40.54	32.35
沙冬青群落	N37°30′50″ E106°20′40″	1	0～2	0.00	0.40	0.66	10.94	39.64	48.36
			20	0.00	0.57	2.33	15.84	31.56	49.70
			40	0.00	0.92	6.67	16.88	28.97	46.55
		2	0～2	0.00	0.66	0.54	4.60	50.37	43.83
			20	0.00	0.40	0.98	3.98	49.63	45.01
			40	0.00	0.52	1.25	3.55	47.86	46.82
		3	0～2	0.00	0.00	1.24	3.50	61.60	33.67
			20	0.00	0.00	1.45	6.75	53.21	38.59
			40	0.00	0.00	1.62	8.13	49.69	40.56

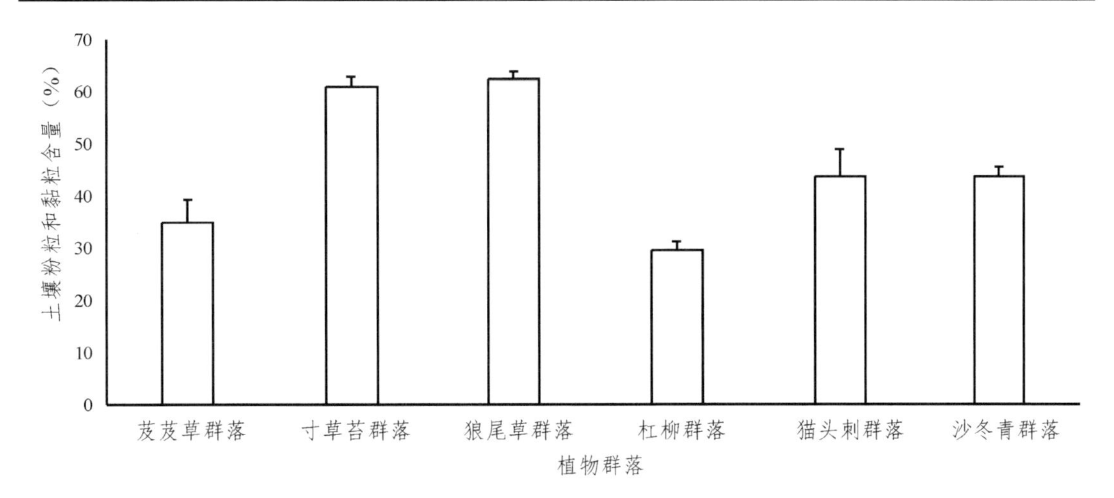

图 5-14　酸枣梁沙化封禁区典型植物群落中土壤粉粒与黏粒颗粒粒度含量

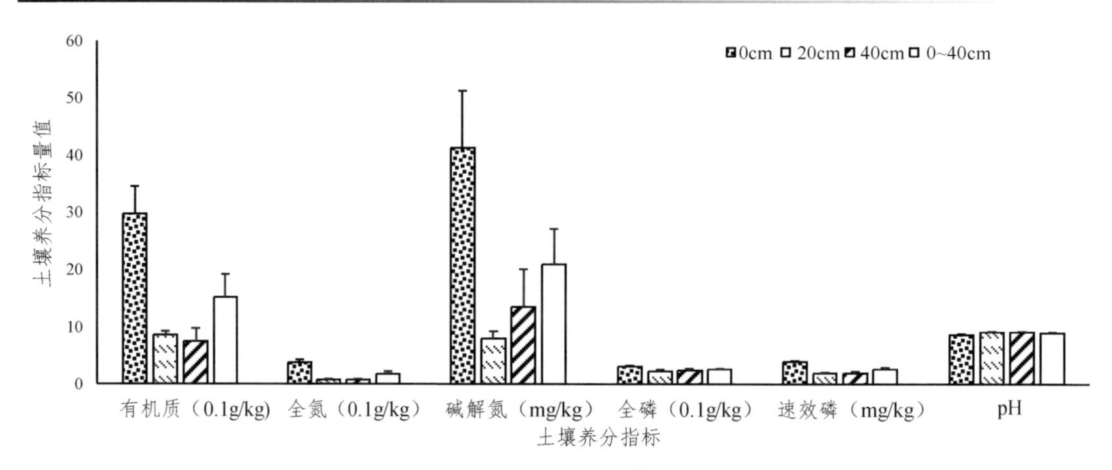

图 5-15 酸枣梁沙化封禁区芨芨草群落中土壤养分含量

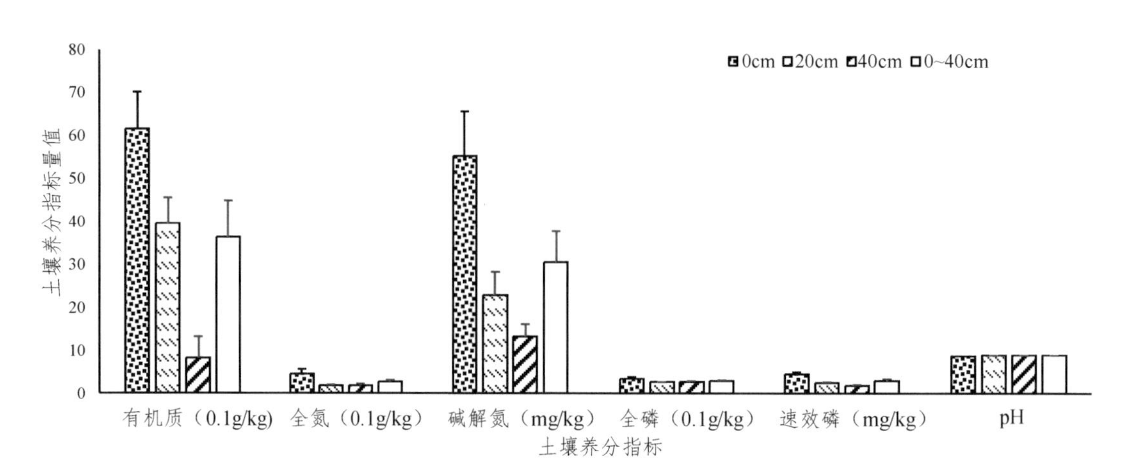

图 5-16 酸枣梁沙化封禁区寸草苔群落中土壤养分含量

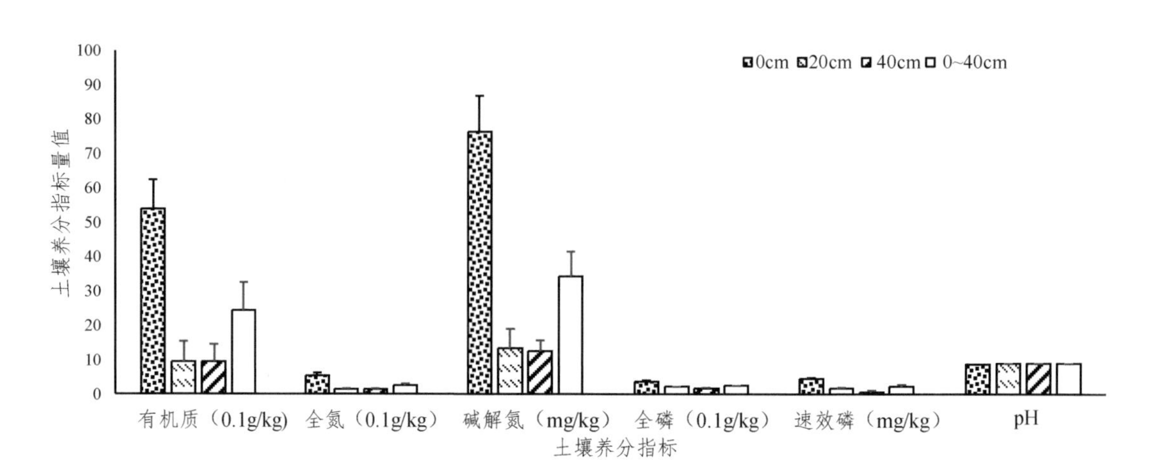

图 5-17 酸枣梁沙化封禁区狼尾草群落中土壤养分含量

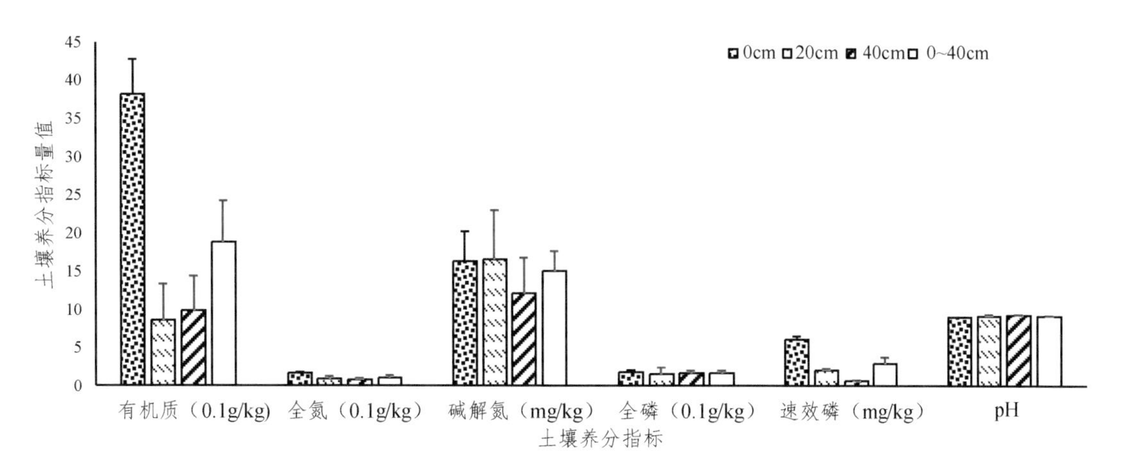

图 5-18 酸枣梁沙化封禁区杠柳群落中土壤养分含量

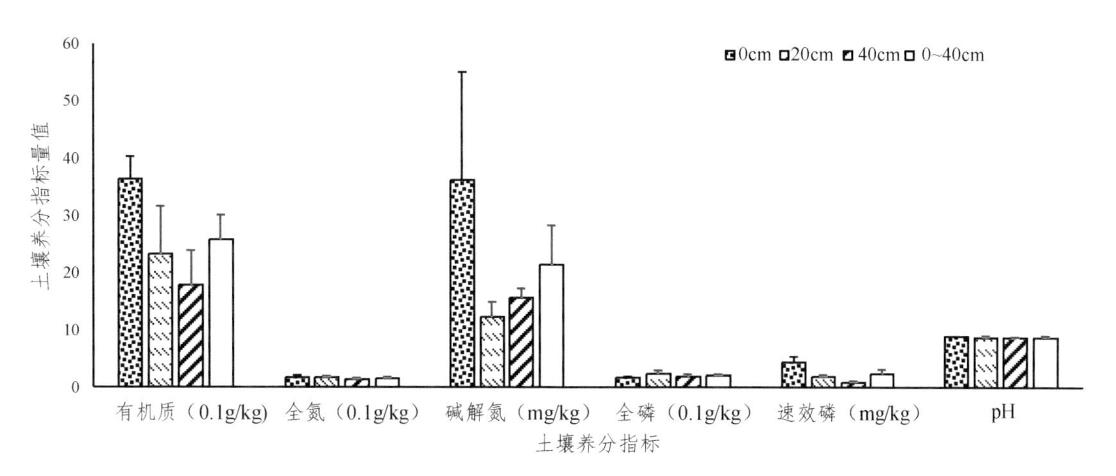

图 5-19 酸枣梁沙化封禁区猫头刺群落中土壤养分含量

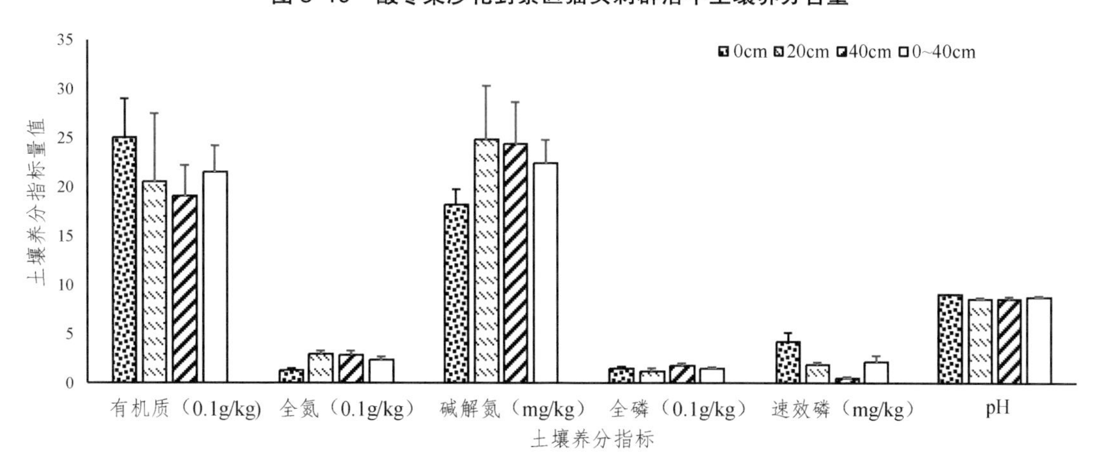

图 5-20 酸枣梁沙化封禁区沙冬青群落中土壤养分含量

养分统计结果表明，芨芨草群落土层 0～40 厘米土壤有机质、全氮、碱解氮、全磷、速效磷和 pH 值分别为 1.524 克/千克、0.175 克/千克、20.94 毫克/千克、0.254 克/千克、2.62

毫克/千克和 8.98（图 5-15）；寸草苔群落土层 0～40 厘米土壤有机质、全氮、碱解氮、全磷、速效磷和 pH 值分别为 3.652 克/千克、0.272 克/千克、30.510 毫克/千克、0.298 克/千克、2.990 毫克/千克和 8.953（图 5-16）；狼尾草群落土层 0～40 厘米土壤有机质、全氮、碱解氮、全磷、速效磷和 pH 值分别为 2.439 克/千克、0.272 克/千克、34.287 毫克/千克、0.256 克/千克、2.421 毫克/千克和 8.993（图 5-17）；杠柳群落土层 0～40 厘米土壤有机质、全氮、碱解氮、全磷、速效磷和 pH 值分别为 1.886 克/千克、0.111 克/千克、15.037 毫克/千克、0.170 克/千克、2.916 毫克/千克和 9.137（图 5-18）；猫头刺群落土层 0～40 厘米土壤有机质、全氮、碱解氮、全磷、速效磷和 pH 分别为 2.589 克/千克、0.162 克/千克、21.432 毫克/千克、0.203 克/千克、2.463 毫克/千克和 8.851（图 5-19）；沙冬青群落土层 0～40 厘米土壤有机质、全氮、碱解氮、全磷、速效磷和 pH 值分别为 2.159 克/千克、0.238 克/千克、22.468 毫克/千克、0.151 克/千克、2.223 毫克/千克和 8.742（图 5-20）。

显然，酸枣梁沙化封禁区封禁几年以来，地表植物枯枝落叶明显增多，土壤有机质含量显著增加，土壤氮磷释放有所增加，生态质量明显趋于改善。

第九节　本章小结

2018 年至 2019 年，对红寺堡酸枣梁沙化封禁项目区 23 个样点的土壤颗粒粒径和养分状况分析后，得出以下主要结果：

（1）借助 2013 年我们进行的“中德财政合作中国北方荒漠化综合治理”的监测结果，2018 年较 2013 年，红寺堡沙化封禁项目区油蒿群落和酸枣林中土壤有机质、全氮和碱解氮显著增加，土壤全磷和速效磷有所增加但增加不显著。这表明油蒿群落和酸枣林恢复良好。

（2）酸枣梁沙化封禁项目区红沙群落封育后有的地段土壤中粉粒与黏粒含量增加显著，有的地段粉粒与黏粒含量封育后与对照粉粒与黏粒含量差异不显著。总体来看，红沙群落封育后土壤有机质和全氮显著高于对照未封育地段，而土壤有效氮、土壤全磷和土壤有效磷以及 pH 值差异均不显著。

（3）酸枣梁沙化封禁区流动沙地封育后，沙蓬和雾冰藜大量侵入，沙蓬群落和雾冰藜群落中土壤黏粒和粉粒含量显著增加；沙丘地封育后，土壤养分显著增加，尤其是土壤氮含量显著增加。沙蓬群落和雾冰藜群落与流动沙地相比，0～40 厘米土壤全氮含量和碱解氮含量较流动沙地显著增加，而全磷、有效磷和 pH 值均变化不显著。

（4）酸枣梁沙化封禁项目区补种柠条地段与对照的土壤粉粒黏粒含量没有显著差异，但在黄蒿群落中补种柠条地段土壤有机质有所增加但增加不显著，而全氮和碱解氮含量显著高于对照；而在狼尾草补植柠条地段的土壤有机质显著高于对照。

（5）酸枣梁沙化封禁区补种籽蒿和沙打旺后，补植地段土壤粉粒与黏粒含量显著高于对照地段；补种籽蒿和沙打旺后，土壤养分、全氮和碱解氮显著增加，而土壤全磷、速效磷和 pH 值变化不显著。

（6）酸枣梁沙化封禁区油蒿群落内扎设草方格后土壤粉粒与黏粒显著增加；扎设草方格后油蒿群落内 0～40 厘米土壤有机质显著高于对照，但全氮、全磷、速效氮和速效磷均无显著变化。

总之，我们的监测结果是红寺堡酸枣梁沙化封禁区封育后土壤生态条件好转。

第六章 酸枣梁项目区治理前后植被变化

第一节 酸枣梁项目区的优势植物群落

1. 蒙古沙冬青林

蒙古沙冬青属豆科沙冬青属，是亚洲中部荒漠地带唯一的常绿阔叶灌木，是古老荒漠孑遗植物种，为国家重点保护的珍惜濒危物种。

蒙古沙冬青株高 1 米，最高 1.8 米。它常与霸王、红沙、柠条或油蒿组成共建的群系，群落多呈小片状分布，植被盖度约 25%～30%。其他常见的伴生种还有猫头刺、木蓼、齿叶白刺、沙生针茅、无芒隐子草、骆驼蓬和蒙古葱等，具有草原化荒漠的特征。

蒙古沙冬青是超旱生植物，是阿拉善荒漠特有的常绿灌木荒漠，是草原化荒漠地区特有的植物，生长地基质为沙质、沙砾质或黏土质，潜水位较深。在酸枣梁，蒙古沙冬青可天然繁殖（图 6-1）。沙冬青根系发达，抗逆性强，固沙保土性能好；根部具有根瘤，改良土壤作用大；抗旱抗寒，防风固沙能力强，是很好的水土保持、固沙和观赏树种。沙冬青还是良好的蜜源植物，种子可提取特种工业用油，枝、叶可入药，能祛风、活血、止痛，外用主治冻疮、慢性风湿性关节炎等。沙冬青在对历史环境演变的长期适应过程中，逐渐形成了独特的超旱生结构和抗逆机理，是特种基因片断的稀有载体，也是特种植物化学成分（生物碱和高活性植物抗冻蛋白）研究、提取和转接的珍贵材料，它还是古地中海植物区系旱生化类型的残遗树种，在植物系统进化、环境演变、古气候等科学研究领域具有十分重要的科学价值。

蒙古沙冬青在宁夏主要有 3 个分布区，主要分布于贺兰山北段与陶乐镇兵沟一带，灵武白芨滩国家级自然保护区、灵武市马家滩和磁窑堡两乡境内而子山，吴忠市红寺堡区、中卫香山和中卫县林场等地。酸枣梁项目区有少量分布（图 6-1）。

由于多种因素，蒙古沙冬青天然种群的数量目前处于渐危状态。其生长地区的气候特点和地形地貌特征以及土壤在形成和维护沙冬青种群的维持和繁衍等方面起着重要的作用，且在很大程度上制约着沙冬青分布空间的有效拓展和种群数量发展。比如沙冬青种子颗粒大，种皮坚硬，发芽需较高土壤含水量，而在其分布的干旱风沙区降水量少且多集中在秋季，水分条件成为限制沙冬青更新繁殖的一个重要因素。沙冬青的种子不宜随风或流水传播，限制了种群扩散。另外病虫害和人畜破坏也是导致种群衰减的直接因素，如大规模的生产开采活动造成的生境破坏，对珍稀濒危物种的保护意识不够导致的过度放牧和滥砍滥伐，直接造成种群数量的减少等。

图 6-1　宁夏吴忠市酸枣梁沙化封禁项目区蒙古沙冬青群落

由于沙冬青天然繁殖和扩散困难，所以仅仅依靠现有抚育措施很难扩大种群，这就需要建立人工种群。但在干旱沙区，降水稀少，土壤瘠薄，沙冬青常规育苗容易，但幼苗根系脆弱，苗木移植成活率低，出圃造林极难成活，直播造林又受水分条件的限制。为挽救这一珍稀物种，扩大种质基因库，需要保护现有沙冬青的种质资源，建立沙冬青优良种质资源保护基地，推广普及现有科技成果，客观分析掌握沙冬青生活习性和生境要求，加强对育种育苗的研究工作，掌握建立沙冬青人工种群的技术途径，进一步加快野生植物驯化和引种繁育推广速度，逐步探索出大面积人工种植沙冬青防风固沙的新路子；同时，对沙冬青资源实行动态监测，进一步加强保护管理工作，强化执法队伍建设，加大打击乱砍、乱牧、乱樵采的不法行为。

在酸枣梁沙化封禁项目区，蒙古沙冬青主要在梁顶和山坡呈零星分布，纯群落面积较小。

在样点 N37°28′34″、E106°25′14″，阴洼子管护点，蒙古沙冬青群落分盖度 10%，高 65 厘米，冠径 120 厘米。伴生针枝瑞香、草瑞香、冬青叶兔唇花、猫头刺、蚓果芥、长芒草和灌木亚菊等。

在样点 N37°30′50″、E106°20′40″，海拔 1280 米。蒙古沙冬青分盖度 35%，高 110 厘米，能够天然繁殖。伴生天然植物长芒草、宿根亚麻、大蓟、黄蒿、牛心朴子和绳虫实。人工种植沙打旺、籽蒿。

项目实施后，植被封育，这有利于蒙古沙冬青这一濒危物种的保护，因此，本项目的实施对蒙古沙冬青种群的繁衍和保护有积极影响。

2. 酸枣林

酸枣是鼠李科枣属植物，是枣的变种。又名棘、棘子、野枣、山枣、葛针等，原产中国华北，中南各省亦有分布。多野生，常为灌木，也有的为小乔木。树势较强。枝、叶、花的形态与普通枣相似，但枝条节间较短，托刺发达，除生长枝各节均具托刺外，结果枝托叶也成尖细的托刺。叶小而密生，果小、多圆或椭圆形、果皮厚、光滑、紫红或紫褐色，肉薄，味大多很酸，核圆或椭圆形，核面较光滑，内含种子 1 至 2 枚，种仁饱满可作中药。其适应性较普通枣强、花期很长，可为蜜源植物。果皮红色或紫红色，果肉较薄、疏松，味酸甜。

酸枣为落叶灌木或小乔木，高 1～6 米；小枝成之字形弯曲，紫褐色。酸枣树上的托叶刺有 2 种，一种直伸，长达 3 厘米，另一种常弯曲。叶互生，叶片椭圆形至卵状披针形，长 1.5～3.5 厘米，宽 0.6～1.2 厘米，边缘有细锯齿，基部 3 出脉。花黄绿色，2～3 朵簇生于叶腋。核果小，近球形或短矩圆形，熟时红褐色，近球形或长圆形，长 0.7～1.2 厘米，味酸，核两端钝。花期 6～7 月，果期 8～9 月。

酸枣属于原始野生品种，通过嫁接可转型为各种不同外形的大枣，也可通过自身基因组的万年进化成为各种品味和不同形状的大枣。酸枣的种类大概分为：苹果形、鸭蛋形和介于这两种之间的另一种类型。如果按酸枣的品味来分，可分为三种：一类是酸甜类，另一类为偏酸类型，还有一种品味不太上口，微酸而且不甜。另外还可以通过酸枣核的大小来分；一种是核小肉厚，另一种则是核大肉薄。在原始的枣类品种中，有一类介于酸枣和大枣之间的一个早熟品种。这个品种已经很难见到，它的成熟期往往要比其他任何一种枣类提前，大概提前一个月。这种枣不但核小肉厚，而且吃起来脆甜微酸可口，外形类似于苹果。

中医典籍《神农本草经》中很早就有记载，酸枣可以“安五脏，轻身延年”。所以，千万不要小看这种野果，它具有很大的药用价值，可以起到养肝、宁心、安神、敛汗的作用。医学上常用它来治疗神经衰弱、心烦失眠、多梦、盗汗、易惊等病。同时，又能达到一定的滋补强壮效果。常见的中药“镇静安眠丸”，就是以酸枣仁为主要成分制成的。患有神经衰弱的人可以用酸枣仁 3～6 克，加白糖研和，每晚入睡前温开水调服，具有明显的治疗效果。

酸枣作为中药应用已有 2000 多年的历史，主要用于中气不足、脾胃虚弱、体倦乏力、食少便溏、血虚萎黄、妇女脏躁等症的治疗。生物活性物质，如酸枣多糖、黄酮类、皂苷类、三萜类、生物碱类、环磷酸腺苷（cAMP）、环磷酸乌苷（cGMP）等，对人体有多种保健治病功效。大枣具有补虚益气、养血安神、健脾和胃等作用，是脾胃虚弱、气血不足、倦怠无力、失眠多梦等患者良好的保健营养品。

在中国，酸枣仁入药尤早，其气微弱，味甘性平无毒。远在《神农本草经》中就被列作上品，说它能治疗“心腹寒热，邪结气聚，四肢酸痛湿痹。久服安五脏，轻身延年”。《名医别录》还称其“补中，益肝气，坚筋骨，助阴气，能令人肥健”。中医界普遍认为酸枣仁的功用是养肝、宁心、安神、敛汗，可以治疗虚烦不眠、惊悸怔忡、自汗盗汗等症。近代药理证实，酸枣仁确有镇静、催眠作用并常与中药马来眠同用于增加疗效。

酸枣梁沙化封禁区的酸枣属小乔木状（图 6-2）。

在样点 N37°30′12″、E106°20′2″，酸枣树高最高 7.5 米，最大冠径 2.8 米；6 龄酸枣幼树高 1.7 米，冠径 70 厘米，最大植株高达 4 米，最大冠径 1.6 米；新长小苗高 90 厘米，冠径 60 厘米，6 株/平方米。

在样点 N37°29′25″、E106°20′21″，海拔 1300 米。酸枣分盖度 20%，高 2.6 米，最大胸径 8 厘米，天然繁殖良好。幼龄酸枣 3 株/平方米，高 32 厘米。伴生猫头刺、赖草、黄蒿，黄蒿密布，黄蒿盖度 90%、高 30 厘米。

3. 杠柳林

杠柳属萝藦科杠柳属落叶蔓性灌木，又叫羊奶条、北五加皮、羊角桃、羊桃等。初期生长径直立，后渐匍匐或缠绕。根系分布较深。

杠柳主根圆柱状，外皮灰棕色，内皮浅黄色。具乳汁，除花外，全株无毛；茎皮灰褐色；小枝通常对生，有细条纹，具皮孔。叶卵状长圆形，长 5～9 厘米，宽 1.5～2.5 厘米，顶端渐尖，基部楔形，叶面深绿色，叶背淡绿色；中脉在叶面扁平，在叶背微凸起，侧脉纤细，两面扁平，每边 20～25 条；叶柄长约 3 毫米。聚伞花序腋生，着花数朵；花序梗和花梗柔弱；花萼裂片卵圆形，长 3 毫米，宽 2 毫米，顶端钝，花萼内面基部有 10 个小腺体；花冠紫红色，辐状，张开直径 1.5 厘米，花冠筒短，约长 3 毫米，裂片长圆状披针形，长 8 毫米，宽 4 毫米，中间加厚呈纺锤形，反折，内面被长柔毛，外面无毛；副花冠环状，10 裂，其中 5 裂延伸丝状被短柔毛，顶端向内弯；雄蕊着生在副花冠内面，并与其合生，花药彼此黏连并包围着柱头，背面被长柔毛；心皮离生，无毛，每心皮有胚珠多个，柱头盘状凸起；花粉器匙形，四合花粉藏在载粉器内，黏盘黏连在柱头上。蓇葖 2，圆柱状，长 7～12 厘米，直径约 5 毫米，无毛，具有纵条纹；种子长圆形，长约 7 毫米，宽约 1 毫米，黑褐色，顶端具白色绢质种毛；种毛长 3 厘米。花期 5～6 月，果期 7～9 月。

图 6-2　宁夏吴忠市酸枣梁沙化封禁项目区酸枣林

杠柳性喜阳性，喜光，耐寒，耐旱，耐瘠薄，耐荫。对土壤适应性强，具有较强的抗风蚀、抗沙埋的能力。杠柳生长于干旱山坡，沟边，固定沙地，灌丛中，河边，河边沙地，河谷阶地，河滩，荒地，黄土丘陵，林缘，林中，路边，平原，丘陵林缘，沙质地，山谷，山坡，田边，固定或半固定沙丘。

杠柳的根皮可入药，能治关节炎症，根皮还可以做杀虫药。种子可以榨油，基叶的乳汁含有弹性橡胶。杠柳植物体营养成分较丰富，粗脂肪、粗蛋白等营养成分均高于当地的锦鸡儿、沙打旺等其他植物。由于杠柳根茎萌发力强，又多枝丛生，可逐年采割或平茬。当年萌发的新枝条，在沙地上也可长到100厘米，可作为较好的薪炭林。

杠柳根系发达，具有较强的无性繁殖能力，同时具有较强的抗旱性，是一种极好的固沙植物。经齐齐哈尔实验站多年观测发现，杠柳在防风、固沙、调节林内地表温度等方面作用显著。当杠柳受到强烈风蚀后，并不因根系裸露而枯死，而能继续顽强生长。在杠柳较密集的地方，每年春季都能截留大量的淤沙。最少淤沙厚度为2～3厘米，一般都为6～7厘米，最多可达10厘米，且杠柳的茎部并不因沙堆而影响生长，受沙埋的茎部还能演变成根系。

杠柳的根系发达，根长为植株地上部分的2～3倍，能吸收较深层的土壤养分和水分。杠柳的无性繁殖力较强，杠柳的根茎上有很多不定芽，每年都能重新萌发出新的枝条。当蔓生的茎部被土埋时，向下萌发出不定根；茎的先端又变成新的株丛。就这样绵延不断地向四周延伸，地表植株密度不断增加，地下根系构成了稠密的根系网络。所以杠柳具有很好的防止水土流失的作用。

酸枣梁沙化封禁项目区杠柳林面积相对较小（图6-3）。

在样点N37°30′35″、E106°21′55″，4米×4米内杠柳有5丛，每丛冠径75厘米、高95厘米。群落内有宁夏黄芪小群聚，20株/平方米，每株冠径8厘米、高7厘米；骆驼蓬小群聚，11株/平方米，每株冠径6厘米、高8厘米；白草小群聚，70株/平方米，每丛冠径3厘米、高5厘米；黄蒿2018年优势，2019年7月全为死株，或幼苗极少。

这里，原生植被是猫头刺-长芒草群落，伴生有酸枣、骆驼蓬、冬青叶兔唇花、宁夏黄芪、沙葱、白草、达乌里胡枝子、包鞘隐子草、黄蒿、冷蒿、大蓟和百花蒿。

4. 油蒿群落

油蒿为菊科蒿属半灌木，又叫黑沙蒿或沙蒿，是中国西北沙地重要的建群植物，自东经112度以西，从干草原、荒漠草原至草原化荒漠，三个自然亚地带的沙区均有成片分布。产于内蒙古、河北、陕西（榆林地区）、山西（西部）、宁夏、甘肃（河西地区）。

油蒿高50～70（100）厘米，主茎不明显，多分枝。老枝外皮暗灰色或暗灰褐色，当年生枝条褐色至黑紫色，具纵条棱。叶稍肉质，一回或二回羽状全裂，裂片丝状条形，长1～3厘米，宽0.3～1毫米；茎上部叶较短小，3～5全裂或不裂，黄绿色。头状花序卵形，直径1.5～2.5毫米，通常直立，具短梗及丝状条形苞叶，多数在枝端排列成开展的圆锥花序；总苞片3～4层，宽卵形，边缘膜质；边花雌性，能育；中央两性不育，花冠管状。瘦果小，长卵形或长椭圆形。细胞染色体：$2n=36$。在内蒙古鄂尔多斯高原和阿拉善地区，3月上、中旬开始萌芽，逐渐生出叶片，叶密生绒毛，入夏后毛落，6月形成新枝，当年生枝条长达30～80厘米，7～9月为生长盛期，7月中、下旬形成头状花序，8月开花，9月结实，9月下旬至11月初果实逐渐成熟，成熟后果实不易脱落，便于采种，10月下旬至11

图 6-3 宁夏吴忠市酸枣梁沙化封禁项目区杠柳林

月初叶转枯黄、脱落。油蒿枝条有两种：营养枝和生殖枝。营养枝在初霜后逐渐形成冬眠芽，翌年继续生长；生殖枝仅在当年生长，越冬以后即行枯死。

油蒿的植株按年龄可分为五类：（1）幼苗：为当年或生长一年左右的植株，高度通常在 10 厘米以内；（2）幼龄植株：约为 2 年生植株，株高在 10～20 厘米左右；（3）中龄植株：约为 3 年生，株高在 20 厘米以上；（4）成年植株：4～7 年生；（5）老年植株：为 8～10 年生以上的植株。

油蒿一般生长 2～3 年可开花结实；水肥条件较好时盛期，其寿命一般为 10 年左右，最长可达 15 年。油蒿也有当年开花结实的。4～7 年生的为繁殖盛期，其寿命一般为 10 年，最长可达 15 年。具有发达的根系。主根一般扎深 1～2 米，侧根分布于 50 厘米左右深度的土层内。老龄时，根系分布十分扩展，据调查，天然生 12 龄油蒿，地上部分高 90 厘米，冠幅 170 厘米，根深 350 厘米，根幅 920 厘米，侧根密布在 0～130 厘米沙层内。具有一定的再生性。

在干旱、半干旱沙质壤土上分布较广，油蒿生长在固定、半固定沙丘或覆沙梁地、砂砾地上。抗旱性强。在甘肃民勤测定，蒸腾强度每小时为 580 毫克/平方厘米（鲜重），内蒙古磴口每小时为 429 毫克/平方厘米。油蒿表皮角质层厚度为 0.63 毫米，比细枝岩黄芪、柠条锦鸡儿厚 1 倍多，且气孔下陷，抑制水分蒸腾。所以它能生长在水分极少（含水量 2%～4%），养分不足（全氮 0.02%～0.03%）的流动沙丘上，与上述旱生细胞结构有关。耐寒性强，在内蒙古鄂尔多斯高原，冬季气温达-30℃，能安全过冬。不耐涝，积水 1 个月，会死亡。

油蒿枝条能生出大量的不定根，特别是幼龄植株，只要沙埋不超过顶芽，就能迅速生长不定根，维持正常生活。自然生长的油蒿以种子繁殖为主，但因其生长不定根能力强，也可分株插条繁殖。结实性好，据内蒙古磴口地区调查，每株平均有花序 24700 个，结实率为 72.5%，种子（瘦果）细小，千粒重 0.18 克。在油蒿群落中，0～10 厘米土层中每公顷种子贮藏量达 134 万～817 万粒，其中 29%分布在 0～1 厘米土层中；26%分布在 1～2 厘米土层中。大量的种子能保证它的群落繁衍不衰，落地种子，以春季发育的幼苗成活率最高，秋季发芽的幼苗 70%不能越冬而死亡。在油蒿群落中，有明显的排它性。

油蒿群落大面积分布于酸枣梁沙化封禁项目区（图 6-4）。

在样点 N37°32′45″、E106°27′53″，海拔 1370 米，群落盖度 75%，伴生黄蒿、猫头刺、沙蓬、绳虫实。

在样点 N37°32′39″、E106°27′55″，海拔 1380 米，群落盖度 85%，油蒿能够自然更新，油蒿高度 75 厘米。过去的老油蒿死亡残存。

在样点 N37°34′29″、E106°25′47″，海拔 1370 米，群落盖度 35%，2014 年扎设草方格，过去的油蒿保留东界。

在样点油蒿群落 N37°34′27″、E106°25′41″，老虎沟管护点，群落盖度 40%，油蒿盖度 35%。地下无草本，部分地段有白草小片、赖草、牛心朴子、人工锦鸡儿。

5. 红沙群落

红沙为柽柳科红沙属小灌木，又名红虱、杉柳、琵琶柴、海葫芦根、枇杷柴。

红沙植株仰卧，高 10～30（70）厘米。树皮不规则波状剥裂；老枝灰棕色，小枝多拐曲，皮灰白色，纵裂。叶半圆柱状，稍肉质；花小，腋生，单生，无柄，无苞片或有苞片 2～3 枚；萼片 5，基部合生成一钟状的管；叶近无梗，肥厚，较短，呈短圆柱形，长 1～5

图 6-4　宁夏吴忠市酸枣梁沙化封禁项目区油蒿群落

图 6-5　宁夏吴忠市酸枣梁沙化封禁项目区红沙群落

毫米，宽 0.5 毫米，鳞片状；叶常 4～6 枚簇生在缩短的枝上，肉质，鳞片状，长 1～5 毫米，宽约 1 毫米，浅灰蓝绿色，花期有时变紫红色，具点状泌盐腺体。花两性，花单生叶腋或在幼枝上端呈少花的总状花序，无梗，直径约 4 毫米；苞片 3；花萼钏状，上部 5 裂；花瓣具短柄，分离，无附属体；雄蕊 5～10 枚，着生于腺体状的花盘下；花柱 2～4 枚；胎座直立，有不完全的隔膜，有胚珠 2～3 颗；花瓣 5，张开，白色略带淡红，长圆形，内面有 2 个倒披针形附属物。蒴果纺锤形，具 3 棱，长 4～6 毫米，3 瓣裂。种子 3～4 颗，全部被黑褐色毛。花期 7～8 月，果期 8～9 月。

红沙分布于内蒙古、陕西、甘肃、宁夏、青海、新疆等地。成片生于山间盆地、湖崖盐大碱地，戈壁及沙砾山坡。

红沙是酸枣梁沙化封禁项目区的典型植物群落（图 6-5）。

在样点 N37°34′57″、E106°23′15″，海拔 1350 米，红沙单丛冠径 1.2 米，高 60 厘米，红沙盖度 7%；黄蒿密布，盖度 70%，高 15 厘米。

在样点 N37°35′30″、E106°22′25″，海拔 1300 米，红沙盖度 12%，高 18 厘米；伴生长芒草、包鞘隐子草、虱子草。

在样点 N37°36′42″、E106°22′34″，达拉池管护点，红沙盖度 7%，红沙密度 0.65 株/平方米，红沙生物量 16.34 克/平方米；群落总盖度 25%，群落总密度 85 株/平方米，群落总生物量 48.14 克/平方米。

第二节　酸枣梁项目区项目实施以来土地沙漠化整体变化

根据前述，项目区的 TM 图像以及现场勘查，我们分析了酸枣梁沙化封禁项目区 2014 年、2016 年和 2018 年的土地沙漠化状况。统计结果表明，酸枣梁沙化封禁项目区 2014 年、2016 年和 2018 年的固定沙丘面积分别为 1194.2、1447.9 和 545.0 公顷，半固定沙丘面积分别为 396.1、293.0 和 273.3 公顷，流动沙丘面积分别为 386.2、112.7 和 230.3 公顷。可以发现，酸枣梁沙化封禁项目区从 2014 年到 2018 年，各类沙地面积都有所减少。

酸枣梁沙化封禁项目区沙地面积减少的同时，草地面积则在增加。酸枣梁沙化封禁项目区 2014 年、2016 年和 2018 年的草地面积分别为 9572.0、9628.8 和 10433.7 公顷，2018 年较 2014 年草地面积增加了 9%。

通过 2018 年 10 月和 2019 年 7 月两次野外调查，流动沙地由于封育沙蓬和雾冰藜大面积侵入覆盖沙面（图 6-6），这样原来的流动沙地逐渐变化为半固定沙地。

同时，这几年雨水好，黄蒿密布各类植物群落（图 6-7），加速了半固定沙地向固定沙地的转变。在样点 N37°34′27″、E106°25′41″，属老虎沟管护点，在台地中下部，有大片（几千亩）油蒿趋于死亡（图 6-8），地表结皮层紧实，地表有较多细叶山苦荬、糙隐子草、狗尾草、达乌里胡枝子、虫实，全是这些植物的小幼苗，总密度 147.6 株/平方米；成株植物有牛心朴子、猫头刺、乳浆大戟、地锦（17 株/平方米）。这样，原来半固定沙地和固定沙地上的油蒿逐渐衰老死亡，原来油蒿群落有的地段已被苦豆子群落以及白草群落所代替（图 6-9）。

在考察中，印象最深的是整个项目区密布黄蒿，在各种群落中，如酸枣林中，红沙群落中，猫头刺群落中，长芒草群落中，均密布黄蒿，这些黄蒿大量枯枝落叶会增加土壤有机质和养分，反过来促进植物群落演替。印象较深的还有长芒草群落长势旺盛，大量酸枣

图 6-6　酸枣梁项目区流动沙地密布沙蓬（上）和雾冰藜（下）

图 6-7　酸枣梁项目区各类群落密布的黄蒿

图 6-8　酸枣梁项目区衰老趋于死亡的油蒿群落

图 6-9　酸枣梁项目区大面积新生的白草群落

幼苗新生，大片白草群落、苦豆子群落涌现，使得沙地转化为草地，同时这也证明酸枣梁沙化封禁项目区植被封育取得了成果。

第三节 酸枣梁项目区补种籽蒿和沙打旺群落变化

酸枣梁沙化封禁项目区补种籽蒿、沙打旺 289.35 公顷。前几年，籽蒿生长旺盛（据残留枝判断），2019 年 7 月调查时，籽蒿大多已死亡（图 6-10），但沙打旺依然生长旺盛。

籽蒿为先锋固沙植物，籽蒿的生态位就是流动沙丘，当群落盖度较大时，土壤水分养分以及土壤中氧气就不支持它的存在，这时较籽蒿更为厌氧的植物便大量侵入。调查表明，补种籽蒿沙打旺地段群落的种丰度为 7 种/平方米，物种丰富度 Magalef 指数为 1.595，物种多样性 Shannon-Wiener 指数为 1.227（表 6-1），显然，补种籽蒿沙打旺地段 2019 年 7 月时群落的物种多样性仍然较低。

图 6-10 酸枣梁项目区补种籽蒿沙打旺 2019 年 7 月状况

表 6-1 酸枣梁项目区补种籽蒿沙打旺地段群落的物种多样性

种丰度 S（种/m^2）	Magalef 指数 D	Shannon-Wiener H'	Simpson 指数 Ds	Pielou 均匀度指数 J
7	1.595	1.227	0.459	1.452

酸枣梁项目区补种籽蒿沙打旺地段的群落特征参见表 6-2。计算表明，补种籽蒿沙打旺地段，尽管籽蒿的频度依然为 100%，但籽蒿的生物量相较其他物种已很低了，为 8.7 克/平方米，籽蒿的重要值仅为 32.29。可以发现，补种籽蒿沙打旺地段虫实的重要值最大，为 98.66，其次是小叶锦鸡儿，为 68.65，这说明籽蒿的存在为虫实的侵入立下了汗马功劳。计算结果表明，虫实的生态位宽度为 2.65，油蒿的生态位宽度为 2.67，这说明该补种籽蒿沙打旺地段目前属油蒿—虫实群落阶段；但小叶锦鸡儿的生态位宽度为 2.99，赖草的生态位宽度为 2.93，这说明下一阶段该补种籽蒿沙打旺地段群落将会是小叶锦鸡儿—赖草群落。

根据调查结果可知，酸枣梁沙化封禁项目区补种籽蒿沙打旺达到了预期的生态效果，稳固了沙面，促进了天然植物的侵入，并将促使补种籽蒿沙打旺地段的群落趋向于更为稳定的群落阶段，达到了生态保护和生态恢复的目的。

表 6-2 酸枣梁项目区补种籽蒿沙打旺地段的群落特征

物种	个体数（株/m²）	鲜生物量（g/m²）	频度（%）	相对频度	相对密度	相对生物量	重要值	生态位宽度
小叶锦鸡儿	0.71	53.85	66.67	15.38	1.65	51.62	68.65	2.99
籽蒿	0.38	8.70	100.00	23.08	0.87	8.34	32.29	1.80
猫头刺	0.50	13.90	66.67	15.38	1.16	13.32	29.87	2.23
虫实	30.33	5.33	100.00	23.08	70.47	5.11	98.66	2.65
沙打旺	1.00	0.90	33.33	7.69	2.32	0.86	10.88	1.73
油蒿	0.13	13.65	33.33	7.69	0.29	13.08	21.06	2.67
赖草	10.00	8.00	33.33	7.69	23.23	7.67	38.59	2.93

第四节 酸枣梁项目区补种柠条（小叶锦鸡儿）群落变化

小叶锦鸡儿在酸枣梁当地叫柠条，柠条锦鸡儿在酸枣梁当地叫毛条，本报告中的柠条是指小叶锦鸡儿。

在典型草原，如锡林浩特、霍林郭勒和呼伦贝尔草地，当草原退化沙化后，偏途顶级是柠条群落，而在酸枣梁项目区由于本身土地退化沙化，在这种生境种植柠条直接就是种植顶级群落。

在样点 N37°27′12″、E106°25′1″，原生群落为长芒草—猫头刺群落，种植柠条生长旺盛（图 6-11）。

该群落中，人工柠条盖度 25%，高 1.2 米。长芒草盖度 20%，高 18 厘米。猫头刺最大盖度 15%，最小冠径 5 厘米，最大冠径 35 厘米。伴生冷蒿、灌木亚菊等。样方调查状况参见表 6-3 和表 6-4。

图 6-11 酸枣梁项目区人工小叶锦鸡儿 2019 年 7 月状况

表 6-3 酸枣梁项目区人工柠条林中天然猫头刺—长芒草群落的物种多样性

种丰度 S（种/m²）	Magalef 指数 D	Shannon-Wiener H′	Simpson 指数 Ds	Pielou 均匀度指数 J
10	2.317	2.579	0.802	2.579

表 6-4 酸枣梁项目区人工柠条林中天然猫头刺—长芒草群落的特征

物种	个体数（株/m²）	鲜生物量（g/m²）	频度（%）	相对频度	相对密度	相对生物量	重要值	生态位宽度
猫头刺	4.67	67.73	100.0	20.00	9.59	17.89	47.48	2.87
长芒草	15.67	81.63	66.7	13.33	32.19	21.56	67.09	3.37
冷蒿	0.33	27.17	33.3	6.67	0.68	7.18	14.53	2.76
狗尾草	3.00	146.07	66.7	13.33	6.16	38.58	58.08	2.57
糙隐子草	0.67	16.30	33.33	6.67	1.37	4.31	12.34	2.57
达乌里胡枝子	1.00	0.83	66.67	13.33	2.05	0.22	15.61	1.51
灌木亚菊	6.00	17.33	33.33	6.67	12.33	4.58	23.57	3.21
黄蒿	13.67	17.67	33.33	6.67	28.08	4.67	39.42	3.42
狼尾草	2.67	3.17	33.33	6.67	5.48	0.84	12.98	2.10
猪毛菜	1.00	0.67	33.33	6.67	2.05	0.18	8.90	1.62

由表 6-3 中可见，该群落的种丰度为 10 种/平方米，物种丰富度 Magalef 指数为 2.317，物种多样性 Shannon-Wiener 指数为 2.579，群落的物种多样性还是比较高的。

由表 6-4，从群落特征看，除掉一年生植物，长芒草和猫头刺的重要值最大，表明该人工柠条群落中，林间植物群落目前为长芒草—猫头刺群落。从生态位宽度看，长芒草生态位宽度为 3.37，灌木亚菊为 3.21，猫头刺为 2.87，表明在不受干扰的情况下，人工柠条群落中林间群落将会演变为长芒草—灌木亚菊群落。

从生态位角度讲，小叶锦鸡儿的生态位就是目前的沙化灰钙土生境。因此，在酸枣梁项目区种植柠条是科学的。

由于适地适树，补种柠条效果良好，在油蒿群落中补种柠条长势旺盛（图 6-12）。

图 6-12　酸枣梁项目区油蒿群落中补种柠条 2019 年 7 月状况

为了搞清补种柠条前两年植被的变化，我们做了两个样地调查，在没有补种柠条的对照地段，群落总盖度 35%，长芒草分盖度 30%，高 8 厘米，冠径 25 厘米，伴生蚓果芥、阿尔泰狗娃花、骆驼蓬、远志、狭叶米口袋、达乌里胡枝子，猫头刺、牛心朴子和黄蒿等；在补种柠条的对照地段，整地种植后，第二年黄蒿大量侵入，第三年原生长芒草又开始侵入。

计算结果表明，在没有补种柠条的对照地段，群落的种丰度为 11 种/平方米，物种丰富度 Magalef 指数为 1.842，物种多样性 Shannon-Wiener 指数为 2.402（表 6-5）；在补种柠条地段，整地种植后第三年，群落的种丰度为 9 种/平方米，物种丰富度 Magalef 指数为 1.520，物种多样性 Shannon-Wiener 指数为 1.411（表 6-5）。

表 6-5　酸枣梁项目区补种柠条地段群落与对照群落的物种多样性

类型	种丰度 S（种/m^2）	Magalef 指数 D	Shannon-Wiener H'	Simpson 指数 Ds	Pielou 均匀度指数 J
补种柠条	9	1.520	1.411	0.452	1.479
未补种对照	11	1.842	2.402	0.738	2.306

从表 6-6 可见，对照地段是长芒草群落，长芒草的重要值最高为 101.31，而补种柠条整地第三年长芒草的重要值也是最高为 114.46（表 6-7），对照地段的银灰旋花、阿尔泰狗娃花、蚓果芥和黄蒿等重要伴生植物在整地第三年后基本又重新侵入，这说明在长芒草地段种植柠条不会改变群落的属性和结构特征。

总之，酸枣梁沙化封禁区种植柠条是适地适树，值得肯定。

表 6-6　酸枣梁项目区补种柠条对照地段的群落特征

物种	个体数（株/m^2）	鲜生物量（g/m^2）	频度（%）	相对频度	相对密度	相对生物量	重要值	生态位宽度
蚓果芥	6.67	3.03	33.33	5.88	2.93	0.89	9.70	2.21
阿尔泰狗娃花	44.00	15.60	66.67	11.76	19.33	4.58	35.67	3.32
米口袋	3.00	1.73	33.33	5.88	1.32	0.51	7.71	1.77
达乌里胡枝子	14.67	17.90	100.00	17.65	6.44	5.26	29.35	2.30
黄蒿	101.67	6.20	33.33	5.88	44.66	1.82	52.36	2.63
长芒草	21.67	252.53	100.00	17.65	9.52	74.15	101.31	2.68
宿根亚麻	0.67	0.33	33.33	5.88	0.29	0.10	6.27	1.43
苦豆子	1.67	3.33	33.33	5.88	0.73	0.98	7.59	1.78
糙隐子草	6.33	11.67	66.67	11.76	2.78	3.43	17.97	2.13
银灰旋花	26.33	16.67	33.33	5.88	11.57	4.89	22.34	3.77
猫头刺	1.00	11.57	33.33	5.88	0.44	3.40	9.72	2.31

表 6-7　酸枣梁项目区补种柠条地段的群落特征

物种	个体数（株/m^2）	鲜生物量（g/m^2）	频度（%）	相对频度	相对密度	相对生物量	重要值	生态位宽度
阿尔泰狗娃花	9.67	5.23	66.67	13.33	5.00	2.61	20.94	2.10
长芒草	24.67	163.87	100.00	20.00	12.76	81.70	114.46	3.21
黄蒿	140.33	10.13	66.67	13.33	72.59	5.05	90.97	2.92

续表

物种	个体数（株/m^2）	鲜生物量（g/m^2）	频度（%）	相对频度	相对密度	相对生物量	重要值	生态位宽度
小叶锦鸡儿	1.67	3.30	66.67	13.33	0.86	1.65	15.84	1.62
远志	1.00	0.77	33.33	6.67	0.52	0.38	7.57	1.56
狗尾草	1.33	0.97	33.33	6.67	0.69	0.48	7.84	1.61
骆驼蓬	1.67	2.87	66.67	13.33	0.86	1.43	15.62	1.60
蚓果芥	0.33	1.10	33.33	6.67	0.17	0.55	7.39	1.52
银灰旋花	12.67	12.33	33.33	6.67	6.55	6.15	19.37	3.36

第五节　酸枣梁项目区扎设草方格后群落变化

在土壤监测中已知，酸枣梁沙化封禁区油蒿群落内扎设草方格后土壤粉粒与黏粒显著增加；扎设草方格后油蒿群落内0～40厘米土壤有机质显著高于对照，但全氮、全磷、速效氮和速效磷均无显著变化。

由过去大量研究也得知，扎设草方格后大量细颗粒物质沉落，增加了地表有机质，更重要的是，粗糙度的增加稳定了沙面，为植物侵入奠定了条件，因而物种多样性有所增加（图6-13）。

图6-13　酸枣梁项目区油蒿群落中扎设草方格2019年7月状况

在样点N37°34′27″、E106°25′41″，老虎沟管护点，我们调查了未扎设草方格与扎设草方格油蒿群落的特征。结果表明，扎设草方格的油蒿群落的种丰度为13种/平方米，物种多样性Shannon-Wiener指数为2.572（表6-8），而未扎设草方格的油蒿群落的种丰度为6种/平方米，物种多样性Shannon-Wiener指数为1.370（表6-8）。显然扎设草方格后极大地提高了群落的物种多样性。

表6-8 酸枣梁项目区油蒿群落中未扎设与扎设草方格地段群落的物种多样性

类型	种丰度 S（种/m²）	Magalef指数 D	Shannon-Wiener H'	Simpson指数 Ds	Pielou均匀度指数 J
未扎设	6	2.347	1.370	0.614	1.760
扎设	13	2.085	2.572	0.767	2.309

统计结果表明，扎设草方格地段油蒿的密度为0.94株/平方米，鲜生物量为36.79克/平方米，频度为100%（表6-10）；而未扎设草方格地段油蒿的密度为0.60株/平方米，生物量为232.71克/平方米，频度为100%（表6-9）。尽管未扎设草方格与扎设草方格地段油蒿的频度均为100%，是相同的，但扎设草方格地段油蒿密度高于未扎设草方格地段油蒿密度，这是由于扎设草方格地段油蒿有许多新生小苗。相对生物量更为直接，未扎设草方格地段油蒿生物量远高于扎设草方格地段油蒿，但相对生物量却是未扎设草方格地段油蒿（96.07%，表6-9）远高于扎设草方格地段油蒿（17.45%，表6-10）。体现在重要值方面，未扎设草方格地段油蒿的重要值为128.25（表6-9），而扎设草方格地段油蒿的重要值为28.46（表6-10）。从群落的变化前景看，未扎设草方格地段油蒿的生态位宽度为2.64（表6-9），在群落中是最高的；而扎设草方格地段油蒿的生态位宽度为2.27（表6-10），在群落中是较低的（白草的生态位宽度是2.66），这说明未扎设草方格地段下一阶段还是油蒿群落，而扎设草方格地段下一阶段是白草。

表6-9 酸枣梁项目区油蒿群落中未扎设草方格地段的群落特征

物种	个体数（株/m²）	鲜生物量（g/m²）	频度（%）	相对频度	相对密度	相对生物量	重要值	生态位宽度
油蒿	0.60	232.71	100.00	25.00	7.18	96.07	128.25	2.64
冰草	2.67	1.43	66.67	16.67	31.68	0.59	48.94	2.09
猫头刺	0.04	4.22	66.67	16.67	0.50	1.74	18.90	1.67
牛心朴子	0.02	1.05	33.33	8.33	0.25	0.43	9.01	1.58
小叶锦鸡儿	0.08	1.49	66.67	16.67	0.99	0.62	18.27	1.57
虫实	5.00	1.33	66.67	16.67	59.41	0.55	76.62	2.16

表 6-10 酸枣梁项目区油蒿群落中扎设草方格地段的群落特征

物种	个体数（株/m^2）	鲜生物量（g/m^2）	频度（%）	相对频度	相对密度	相对生物量	重要值	生态位宽度
砂蓝刺头	5.00	41.00	100.00	10.71	1.58	19.45	31.75	2.48
细叶山苦荬	13.33	26.00	100.00	10.71	4.22	12.33	27.27	2.39
骆驼蓬	0.33	25.33	33.33	3.57	0.11	12.02	15.69	2.79
狗尾草	25.33	7.00	100.00	10.71	8.03	3.32	22.06	2.13
赖草	10.00	7.00	66.67	7.14	3.17	3.32	13.63	1.98
沙生大戟	1.67	1.33	66.67	7.14	0.53	0.63	8.30	1.35
地锦	4.33	1.00	33.33	3.57	1.37	0.47	5.42	1.68
尖头叶藜	56.33	19.67	100.00	10.71	17.85	9.33	37.89	3.05
虫实	44.00	5.00	66.67	7.14	13.94	2.37	23.46	2.78
苦豆子	1.00	8.33	66.67	7.14	0.32	3.95	11.41	1.64
中亚滨藜	129.67	21.33	33.33	3.57	41.09	10.12	54.78	2.67
白草	23.67	11.03	66.67	7.14	7.50	5.23	19.88	2.66
油蒿	0.94	36.79	100.00	10.71	0.30	17.45	28.46	2.27

另一方面，扎设草方格地段油蒿群落中细叶山苦荬、骆驼蓬、狗尾草、赖草、沙生大戟、地锦、尖头叶藜、苦豆子、中亚滨藜、白草大量侵入，改变了油蒿群落的结构特征和功能特征。

总之，酸枣梁沙化封禁项目区扎设草方格措施得当有效，有利于植被恢复，改善了生态环境质量。

第六节 酸枣梁项目区流动沙地封育后植被变化

酸枣梁项目区当流动沙地被封育后，先锋固沙植物沙蓬、雾冰藜、猪毛菜和虫实便大量侵入（图 6-14）。

在样点 N37°36′37″、E106°26′37″雾冰藜+猪毛菜群落，达拉池管护点，群落盖度 75%，高 21 厘米。该雾冰藜+猪毛菜群落的种丰度为 4 种/平方米，物种丰富度 Magalef 指数为 0.587，物种多样性 Shannon-Wiener 指数为 1.293（表 6-11）。

图 6-14 酸枣梁项目区流动沙地封育后沙蓬大量侵入 2019 年 7 月状况

表 6-11 酸枣梁项目区天然雾冰藜+猪毛菜群落的物种多样性

种丰度 S（种/m²）	Magalef 指数 D	Shannon-Wiener H'	Simpson 指数 Ds	Pielou 均匀度指数 J
4	0.587	1.293	0.465	2.148

显然，该雾冰藜+猪毛菜群落的物种多样性较为贫乏，但这也是先锋固沙植物群落的公共特点。

计算结果表明，该雾冰藜+猪毛菜群落中，雾冰藜（五星蒿）的密度为 25.00 株/平方米，相对密度为 15.03%；鲜生物量为 44.00 克/平方米，相对生物量为 20.14%（表 6-12）。猪毛菜的密度为 118.33 株/平方米，相对密度为 71.14%；鲜生物量为 128.47 克/平方米，相对生物量为 58.80%。沙蓬的密度为 11.67 株/平方米，相对密度为 7.01%；鲜生物量为 9.00 克/平方米，相对生物量为 4.12%（表 6-12）。在群落中猪毛菜比较占优势，猪毛菜的重要值为 157.22，生态位宽度为 3.89，均是群落中各物种最大的。

表 6-12 酸枣梁项目区天然雾冰藜+猪毛菜群落的特征

物种	个体数（株/m²）	鲜生物量（g/m²）	频度（%）	相对频度	相对密度	相对生物量	重要值	生态位宽度
五星蒿	25.00	44.00	100.0	27.27	15.03	20.14	62.44	3.25
猪毛菜	118.33	128.47	100.0	27.27	71.14	58.80	157.22	3.89
沙蓬	11.67	9.00	100.0	27.27	7.01	4.12	38.41	2.16
蒺藜	11.33	37.00	66.7	18.18	6.81	16.94	41.93	3.20

客观地说，封育是酸枣梁沙化封禁项目区最为有效、最为科学的植被恢复措施，流动沙地封育后生态恢复效果非常明显。

第七节　酸枣梁项目区苦豆子群落封育后植被变化

苦豆子群落封育前（对照）群落的种丰度为 4 种/平方米，物种丰富度 Magalef 指数为 0.706，物种多样性 Shannon-Wiener 指数为 1.419（表 6-13）。苦豆子群落封育后群落的种丰度为 8 种/平方米，物种丰富度 Magalef 指数为 1.288，物种多样性 Shannon-Wiener 指数为 2.367（表 6-13）。显然，植被封育措施显著增大了苦豆子群落的物种丰富度和生物多样性。

表 6-13　酸枣梁项目区天然苦豆子封育和对照群落的物种多样性

类型	种丰度 S（种/m^2）	Magalef 指数 D	Shannon-Wiener H'	Simpson 指数 Ds	Pielou 均匀度指数 J
对照	4	0.706	1.419	0.577	2.358
封育	8	1.288	2.367	0.767	2.621

计算结果表明，酸枣梁项目区苦豆子群落封育前（对照）样点，苦豆子的密度为 9.33 株/平方米，相对密度为 13.33%；鲜生物量为 68.30 克/平方米，相对生物量为 37.52%（表 6-15）。苦豆子群落封育后样点，苦豆子的密度为 7.67 株/平方米，相对密度为 3.34%；鲜生物量为 101.90 克/平方米，相对生物量为 10.74%（表 6-14）。酸枣梁项目区苦豆子群落封育前（对照），苦豆子的重要值为 84.19，生态位宽度为 3.14（表 6-15）；封育后，苦豆子的重要值为 65.82，生态位宽度为 3.06（表 6-14）。很明显，封育后苦豆子在群落中的地位下降了。

封育前，苦豆子群落中重要值较高的是狗尾草，重要值为 110.48；次之是黄蒿，重要值为 92.81；而对应地，狗尾草的生态位宽度为 3.49，黄蒿的生态位宽度为 3.26（表 6-15），这表明封育前苦豆子群落已处于不稳定状态。封育后，苦豆子群落中重要值较高的是白草，重要值为 77.18；次之是苦豆子，再次是赖草，赖草的重要值为 64.77；而对应地，白草的生态位宽度为 3.63，赖草的生态位宽度为 3.49，两者的生态位宽度要高于苦豆子的 3.06（表 6-14），这表明封育后苦豆子群落下一阶段要演化为白草+赖草群落。

总之，酸枣梁项目区植被封育有利于苦豆子群落的进展演替。

表 6-14　酸枣梁项目区封育天然苦豆子群落的特征

物种	个体数（株/m^2）	鲜生物量（g/m^2）	频度（%）	相对频度	相对密度	相对生物量	重要值	生态位宽度
苦豆子	7.67	101.90	100.0	25.00	3.34	37.48	65.82	3.06
赖草	66.67	29.20	100.0	25.00	29.03	10.74	64.77	3.49
大蓟	0.67	21.73	33.33	8.33	0.29	7.99	16.62	2.81
地锦	7.00	2.50	33.33	8.33	3.05	0.92	12.30	2.31

虫实	30.00	10.00	33.33	8.33	13.06	3.68	25.07	3.53

续表

物种	个体数（株/m²）	鲜生物量（g/m²）	频度（%）	相对频度	相对密度	相对生物量	重要值	生态位宽度
猪毛菜	14.67	8.13	33.33	8.33	6.39	2.99	17.71	3.20
狼尾草	24.00	4.73	33.33	8.33	10.45	1.74	20.52	3.20
白草	79.00	93.67	33.33	8.33	34.40	34.45	77.18	3.63

表 6-15 酸枣梁项目区对照天然苦豆子群落的特征

物种	个体数（株/m²）	鲜生物量（g/m²）	频度（%）	相对频度	相对密度	相对生物量	重要值	生态位宽度
苦豆子	9.33	68.30	100.00	33.33	13.33	37.52	84.19	3.14
黄蒿	19.33	58.00	100.00	33.33	27.62	31.86	92.81	3.26
狗尾草	40.67	54.90	66.67	22.22	58.10	30.16	110.48	3.49
猪毛菜	0.67	0.83	33.33	11.11	0.95	0.46	12.52	1.77

第八节 酸枣梁项目区红沙群落封育后植被变化

酸枣梁沙化封禁项目区红沙群落封育前（对照），红沙群落的种丰度为 8 种/m²，物种丰富度 Magalef 指数为 1.576，物种多样性 Shannon-Wiener 指数为 1.616（表 6-16）。封育后（封育），红沙群落的种丰度为 15 种/平方米，物种丰富度 Magalef 指数为 2.578，物种多样性 Shannon-Wiener 指数为 2.572（表 6-16）。显然，植被封育措施提高了红沙群落的物种丰富度和物种多样性。

表 6-16 酸枣梁项目区封育前后天然红沙群落的物种多样性

类型	种丰度 S（种/m²）	Magalef 指数 D	Shannon-Wiener H'	Simpson 指数 Ds	Pielou 均匀度指数 J
对照	8	1.576	1.616	0.600	1.789
封育	15	2.578	2.572	0.770	2.187

酸枣梁项目区红沙群落封育前（对照），红沙的相对密度为 0.76%，相对生物量为 33.94%，重要值为 54.70（表 6-17）；而封育后，红沙的相对密度为 0.29%，相对生物量为 28.57%，重要值为 40.40（表 6-18）。显然，封育后红沙在群落中的地位下降了。更重要的是，封育后，大量长芒草和糙隐子草侵入，长芒草的重要值为 68.51，生态位宽度为 3.32，糙隐子草的重要值为 21.93，生态位宽度为 2.96，两者的生态位宽度要大于红沙（2.27），这说明封育后红沙趋向于草化群落。

可见，植被封育有助于荒漠植物群落趋向于草化。

表 6-17 酸枣梁项目区封育前天然红沙群落的特征

物种	个体数（株/m²）	鲜生物量（g/m²）	频度（%）	相对频度	相对密度	相对生物量	重要值	生态位宽度
红沙	0.65	16.34	100.0	20.00	0.76	33.94	54.70	2.22
蚓果芥	45.67	22.00	100.0	20.00	53.74	45.70	119.44	3.07
狗尾草	7.00	4.17	100.0	20.00	8.24	8.66	36.89	1.92
黄蒿	1.00	0.83	33.3	6.67	1.18	1.73	9.57	1.66
雾冰藜	1.33	0.00	33.33	6.67	1.57	0.00	8.24	1.56
五星蒿	28.33	3.10	66.67	13.33	33.34	6.44	53.11	2.83
单叶黄芪	0.33	0.73	33.33	6.67	0.39	1.52	8.58	1.56
虫实	0.67	0.97	33.33	6.67	0.78	2.01	9.46	1.64

表 6-18 酸枣梁项目区封育后天然红沙群落的特征

物种	个体数（株/m²）	鲜生物量（g/m²）	频度（%）	相对频度	相对密度	相对生物量	重要值	生态位宽度
阿尔泰狗娃花	14.00	10.87	33.33	3.85	6.13	11.79	21.77	3.37
糙隐子草	37.67	1.46	33.33	3.85	16.50	1.58	21.93	2.96
草木樨状黄芪	0.33	7.65	33.33	3.85	0.15	8.30	12.29	2.18
蚓果芥	2.00	1.56	66.67	7.69	0.88	1.69	10.26	1.42
长芒草	84.67	18.34	100.00	11.54	37.08	19.89	68.51	3.32
达乌里胡枝子	5.33	5.43	66.67	7.69	2.34	5.89	15.92	1.83
冬青叶兔唇花	0.67	3.32	33.33	3.85	0.29	3.60	7.74	1.72
短翼岩黄芪	56.67	1.67	33.33	3.85	24.82	1.81	30.47	2.84
黄蒿	8.33	4.33	100.00	11.54	3.65	4.70	19.88	1.68
骆驼蓬	1.67	5.34	33.33	3.85	0.73	5.79	10.37	2.06
猫头刺	4.00	3.23	100.00	11.54	1.75	3.50	16.79	1.49
雾冰藜	5.33	2.18	66.67	7.69	2.34	2.36	12.39	1.62
宿根亚麻	6.67	0.12	33.33	3.85	2.92	0.13	6.90	1.84
狭叶米口袋	0.33	0.36	33.33	3.85	0.15	0.39	4.38	1.30
红沙	0.67	26.34	100.00	11.54	0.29	28.57	40.40	2.27

第九节 酸枣梁项目区杠柳林封育后植被变化

酸枣梁沙化封禁项目区杠柳林封育前（对照），杠柳群落的种丰度为 12 种/平方米，物种丰富度 Magalef 指数为 3.046，物种多样性 Shannon-Wiener 指数为 2.527（表 6-19）。封育后（封育），杠柳群落的种丰度为 17 种/平方米，物种丰富度 Magalef 指数为 3.544，物种多样性 Shannon-Wiener 指数为 2.942（表 6-19）。在一定程度上，植被封育措施提高了杠柳群落的物种丰富度和物种多样性。

表 6-19 酸枣梁项目区封育前后天然杠柳林的群落物种多样性

类型	种丰度 S（种/m²）	Magalef 指数 D	Shannon-Wiener H'	Simpson 指数 Ds	Pielou 均匀度指数 J
对照	12	3.046	2.527	0.754	2.342
封育	17	3.544	2.942	0.836	2.391

计算结果表明，封育前（对照），杠柳群落中杠柳的密度为 0.11 株/平方米，相对密度为 0.30%；鲜生物量为 15.43 克/平方米，相对生物量为 18.26%（表 6-20）。封育后，杠柳群落中杠柳的密度为 0.15 株/平方米，相对密度为 0.16%；鲜生物量为 19.27 克/平方米，相对生物量为 12.13%。封育前，杠柳的重要值为 35.22，封育后杠柳的重要值为 21.38。尽管封育后杠柳在群落中的重要性有所下降，但杠柳的密度增加了（表 6-21），也就是说，个体数增加了。更重要的是，封育后杠柳群落中草本植物显著增加了。

表 6-20 酸枣梁项目区封育前天然杠柳林的群落特征

物种	个体数（株/m²）	鲜生物量（g/m²）	频度（%）	相对频度	相对密度	相对生物量	重要值	生态位宽度
杠柳	0.11	15.43	100	16.67	0.30	18.26	35.22	1.98
骆驼蓬	3.56	21.54	33.33	5.56	9.62	25.49	40.67	3.03
冬青叶兔唇花	0.67	1.65	33.33	5.56	1.81	1.95	9.32	1.68
宁夏黄芪	2.67	3.44	66.67	11.11	7.21	4.07	22.40	1.82
沙葱	4.33	5.41	33.33	5.56	11.70	6.40	23.66	2.59
白草	17.33	8.59	66.67	11.11	46.83	10.17	68.10	2.73
达乌里胡枝子	1.33	8.14	66.67	11.11	3.59	9.63	24.34	1.98
包鞘隐子草	0.67	1.12	33.33	5.56	1.81	1.33	8.69	1.62
黄蒿	4.67	5.18	66.67	11.11	12.62	6.13	29.86	2.10
冷蒿	0.67	6.23	33.33	5.56	1.81	7.37	14.74	2.21
大蓟	0.33	6.32	33.33	5.56	0.89	7.48	13.93	2.16
百花蒿	0.67	1.45	33.33	5.56	1.81	1.72	9.08	1.66

表 6-21 酸枣梁项目区封育后天然杠柳林的群落特征

物种	个体数（株/m²）	鲜生物量（g/m²）	频度（%）	相对频度	相对密度	相对生物量	重要值	生态位宽度
杠柳	0.15	19.27	100.00	9.09	0.16	12.13	21.38	1.83
猫头刺	0.19	15.29	100.00	9.09	0.21	9.63	18.93	1.71
骆驼蓬	4.67	27.67	66.67	6.06	5.11	17.42	28.59	2.69
狗尾草	27.67	26.33	100.00	9.09	30.28	16.58	55.95	3.02
砂蓝刺头	0.67	9.20	33.33	3.03	0.73	5.79	9.55	2.16
长芒草	0.33	1.93	33.33	3.03	0.36	1.22	4.61	1.42
蒺藜	17.33	4.53	66.67	6.06	18.97	2.85	27.88	2.45
猪毛菜	11.67	15.30	100.00	9.09	12.77	9.63	31.49	2.21
糙隐子草	2.67	5.63	66.67	6.06	2.92	3.55	12.53	1.65
达乌里胡枝子	0.67	5.17	66.67	6.06	0.73	3.25	10.04	1.49
虫实	3.00	3.87	66.67	6.06	3.28	2.43	11.78	1.58
沙葱	2.33	3.27	66.67	6.06	2.55	2.06	10.67	1.50
米口袋	2.33	2.53	33.33	3.03	2.55	1.60	7.18	1.75
小叶锦鸡儿	0.02	1.60	33.33	3.03	0.02	1.01	4.06	1.35
地锦	4.33	5.67	66.67	6.06	4.74	3.57	14.37	1.76
黄蒿	13.33	6.67	66.67	6.06	14.59	4.20	24.85	2.35
冷蒿	0.02	4.88	33.33	3.03	0.02	3.07	6.12	1.68

总之，植被封育促进了杠柳群落中的草化程度。

第十节 酸枣梁项目区酸枣林封育后植被变化

首先，酸枣林封育最大的效果就是酸枣幼苗大量繁殖，5 龄以下幼苗非常多（图 6-15），也就是说，这是近年项目区封育的结果。

在样点 N37°30′12″、E106°20′2″，酸枣树高最高 7.5 米，最大冠径 2.8 米；6 龄酸枣幼树最高 1.7 米，冠径 70 厘米，最大植株高达 4 米，最大冠径 1.6 米；5 龄以下小苗高 90 厘米，冠径 60 厘米，6 株/平方米。在样点 N37°29′25″、E106°20′21″，酸枣分盖度 20%，高 2.6 米，最大胸径 8 厘米，天然繁殖良好。5 龄以下幼龄酸枣 3 株/平方米，高 32 厘米。

图 6-15 酸枣梁项目区酸枣封育后 5 龄以下幼苗 2019 年 7 月状况

酸枣本是酸枣梁项目区（酸枣梁）的景观树种，是典型的乡土树种，植被封育后，酸枣得到了极大地保护，酸枣团块状大面积地出现于项目区，调查结果极为满意，达到了保护酸枣的目的。

其次，在保护酸枣的同时，保护了酸枣周围的原生植被也得到了极好的保护，尤其是长芒草（本氏针茅）（图 6-16）。

我们调查了酸枣林附近一个地段的原生植被参见表 6-22 和表 6-23。

该群落的种丰度为 24 种/平方米，物种丰富度 Magalef 指数为 5.155，物种多样性 Shannon-Wiener 指数为 3.800（表 6-22）。该群落物种丰富度和生物多样性较高（表 6-23），也是酸枣梁项目区的恢复目标。

图 6-16 酸枣梁项目区封育后酸枣林附近原生植被长芒草 2018 年 10 月状况

表 6-22 酸枣梁项目区酸枣林附近原生植物群落的物种多样性

种丰度 S（种/m^2）	Magalef 指数 D	Shannon-Wiener H'	Simpson 指数 Ds	Pielou 均匀度指数 J
24	5.155	3.800	0.907	2.753

表 6-23 酸枣梁项目区酸枣林附近原生植物群落的特征

物种	个体数（株/m^2）	鲜生物量（g/m^2）	频度（%）	相对频度	相对密度	相对生物量	重要值	生态位宽度
长芒草	5.67	4.57	100.00	9.09	7.17	3.11	19.37	1.61
宿根亚麻	3.33	4.33	66.67	6.06	4.22	2.95	13.23	1.65
糙隐子草	7.33	4.00	100.00	9.09	9.28	2.72	21.10	1.67
阿尔泰狗娃花	7.67	8.33	66.67	6.06	9.70	5.67	21.44	2.15
冷蒿	1.00	16.33	66.67	6.06	1.27	11.12	18.45	2.08
猫头刺	1.00	0.00	66.67	6.06	1.27	0.00	7.33	1.25
远志	9.00	5.67	66.67	6.06	11.39	3.86	21.31	2.10
短翼岩黄芪	2.33	0.67	33.33	3.03	2.95	0.45	6.44	1.58
黄蒿	8.00	12.83	100.00	9.09	10.13	8.74	27.96	2.01
达乌里胡枝子	1.67	3.93	66.67	6.06	2.11	2.68	10.85	1.51
牛心朴子	1.00	13.67	66.67	6.06	1.27	9.31	16.63	1.96
披针叶黄华	2.00	14.00	33.33	3.03	2.53	9.53	15.09	2.70
鳍蓟	0.67	8.67	33.33	3.03	0.84	5.90	9.78	2.14
冰草	5.33	34.67	33.33	3.03	6.75	23.60	33.39	3.30
白草	20.33	13.33	33.33	3.03	25.74	9.08	37.85	3.51
狭叶沙生大戟	0.67	0.67	33.33	3.03	0.84	0.45	4.33	1.34
狭叶米口袋	0.67	0.27	33.33	3.03	0.84	0.18	4.06	1.30
地锦	0.67	0.10	33.33	3.03	0.84	0.07	3.94	1.28
细叶山苦荬	0.33	0.17	33.33	3.03	0.42	0.11	3.57	1.24
砂珍棘豆	0.33	0.67	33.33	3.03	0.42	0.45	3.91	1.30
叉枝鸦葱	2.67	4.67	33.33	3.03	3.38	3.18	9.58	2.05
北拟芸香	1.33	1.33	33.33	3.03	1.69	0.91	5.63	1.51
冬青叶兔唇花	2.33	3.33	33.33	3.03	2.95	2.27	8.25	1.87
银灰旋花	1.33	3.33	33.33	3.03	1.69	2.27	6.99	1.73

第十一节　本章小结

2019 年 7 月，南开大学对酸枣梁沙化封禁项目区植物群落进行了调查，得出如下结论：

（1）酸枣梁沙化封禁项目区封育后，总体上流动沙地、半固定沙地和固定沙地这些沙地面积在减少，草地面积在增加。植被封育后，流动沙地由于封育沙蓬和雾冰藜大面积侵入覆盖沙面，流动沙地逐渐变化为半固定沙地；黄蒿密布各类植物群落；大片（几千亩）油蒿趋于死亡，将被草本植物群落所代替，群落处于进展演替。

（2）酸枣梁沙化封禁项目区补种籽蒿、沙打旺后，几年后籽蒿的生物量相较群落中其他物种较低，在群落中的地位降低了，但补种籽蒿沙打旺促进了天然植物的侵入，并将促使补种籽蒿沙打旺地段的群落趋向于更为稳定的群落阶段，达到了预期的生态效果。

（3）酸枣梁沙化封禁项目区补种柠条属适地适树，总体上补种的柠条生长状况良好，并促进群落具有更大的物种多样性。在补种柠条的前两年，群落的物种丰富度和生物多样性会明显降低，但很快附近的天然植被会侵入并恢复原生植被。

（4）酸枣梁沙化封禁项目区扎设草方格后，极大地提高了群落的物种丰富度和生物多样性。扎设草方格后，群落中细叶山苦荬、骆驼蓬、狗尾草、赖草、沙生大戟、地锦、尖头叶藜、苦豆子、中亚滨藜、白草大量侵入，改变了原来群落的结构特征和功能特征。

（5）酸枣梁沙化封禁项目区封育后，对苦豆子群落影响显著，明显提升了苦豆子群落的物种丰富度和生物多样性。封育后，苦豆子在群落中的地位下降了，但白草和赖草在群落中的重要性显著提升，有利于苦豆子群落的进展演替。

（6）酸枣梁沙化封禁项目区封育后，对红沙群落影响显著，植被封育措施提高了红沙群落的物种丰富度和物种多样性。封育后，大量长芒草和糙隐子草侵入，长芒草的重要值为 68.51，生态位宽度为 3.32，糙隐子草的重要值为 21.93，生态位宽度为 2.96，两者的生态位宽度要大于红沙（2.27），植被封育有助于荒漠植物群落增加草化。

（7）酸枣梁沙化封禁项目区封育措施提高了杠柳群落的物种丰富度和物种多样性。封育前，杠柳的重要值为 35.22，封育后杠柳的重要值为 21.38。尽管封育后杠柳在群落中的重要性有所下降，杠柳的密度增加了，杠柳群落中草本植物显著增加了。

（8）酸枣梁沙化封禁项目区封育后，酸枣林幼树密度明显增加，有的地段，5 龄以下小苗 6 株/平方米；有的地段，5 龄以下小苗 3 株/平方米。酸枣是酸枣梁项目区的景观树种和乡土树种，封育后，酸枣得到了极大地保护，团块状酸枣大面积地出现，达到了保护酸枣的目的。同时，在保护酸枣的同时，保护了酸枣周围的原生植被。

总之，酸枣梁沙化封禁项目区封育措施达到了保护植被、增加生物多样性的目的，生态环境质量明显提高，我们持肯定态度。

第七章 半干旱区植被演替的驱动力

酸枣梁项目区地处干旱区和半干旱区的过渡带以及草原和荒漠的过渡带，植物群落处在不断的演替中。在此，以油蒿群落、苦豆子群落和长芒草群落一个演替系列中植物氮磷比对密度的影响来阐释半干旱区植物群落演替的驱动力。

第一节 引言

植物负密度制约主要体现于密度制约、距离制约和群落补偿效应，它不但是种内竞争或种间竞争的反映，也是竞争后光照与土壤水分和养分状况的反映。负密度制约本质上是一种自疏型衰减，是实现生态位的体现。近 20 年来，一些生态学家致力于寻求同种负密度制约（conspecific negative density dependence）和异种负密度制约（heterospecific negative density dependence）的模式和力度（Adler *et al.*, 2018；Chisholm & Fung 2018），包括草地和林地植物种（Johnson *et al.*, 2012；Detto *et al.*, 2019；Forrister *et al.*, 2019），尤其是热带雨林（Bagchi, *et al.*, 2011；Johnson *et al.*, 2017；Kellner *et al.*, 2018）；一些生态学家探讨了负密度制约与生物多样性之间的关系（Hille *et al.*, 2002；LaManna *et al.*, 2017），例如，丰富的物种比稀有物种表现出较弱的负密度制约，物种丰富的地区比物种贫乏的地区表现出更强的负密度制约（Johnson *et al.*, 2012）。但负密度制约的驱动机制仍是一个令生态学家感兴趣的问题。

植物密度是最重要的群落特征之一（Grime, 2001），它是植物群落生物多样性的基础（Tilman, 2000）。密度制约是植物种群或群落非常普通的群体植物行为，在发生密度制约前，植物密度均会出现马尔萨斯（Malthusian）增长过程或逻辑斯谛（Logistic）增长过程，然后是一个增长负反馈，不论这种负反馈的竞争结果是符合种内竞争模型（Verhulust, 1838）还是符合种间竞争模型（Volterra, 1926），它们都是植物对资源利用表现出的利用性竞争结果的体现，尤其是土壤水分和养分竞争的起因和结果，例如，植物氮磷比（氮∶磷）化学计量特征的变化对植物/植被的影响。

Liebig（1840）的最小因子定律表明，植物的生长取决于处在最小量状况养分的量。而 Shelford（1913）的耐性定律表明，因某项因子不足或过量超过了该物种的耐性限度，则该物种不能生存甚至灭绝。显然，这两个定律揭示了植物氮磷比化学计量特征影响植物/植被的机理。因此，植物组织中的氮磷比化学计量特征可以预测氮和磷等养分供应的状况（Fourqurean *et al.*, 1992；Koerselman & Meuleman, 1996）。已有研究表明，叶片中养分含量状况能够较好地反映土壤养分供给的能力（Adams *et al.*, 1987；He *et al.*, 2008；Liu *et al.*, 2019），植物叶氮磷比化学计量特征可以作为判断环境对植物生长的养分供应状况的指标（Aerts & Chapin, 2000；Güsewell, 2004；Matzek & Vitousek, 2009）。Shaver 和 Chapin（1995）以及 Bedford 等（1999）指出，植物组织中的氮磷比化学计量特征是确定植被受氮素还是受磷素限制的指示剂，确定植物生长受氮素还是磷素限制，对于维持生态系统中物种丰富度、保持高的生物多样性具有重要意义。Güsewell 等（2003）指出，通过植物组织中的氮磷比化学计量特征可以反应氮和磷对植物群落的相对利用率进而预测氮和磷的缺乏状况。

诚然，植物密度与生产力有关（Grace, 1999；Grime, 2001），但不可否认植物/植被氮磷比也可能影响植物密度。有研究表明，植物体中的氮磷比化学计量特征与物种濒危程度有关。例如，Venterink 等（2003）测量了位于波兰、比利时和荷兰的 150 个湿地位点维管植物植物组织中的氮磷比，确定了各个位点受氮素限制还是受磷素限制，结合各个位点植物群落生长状况和当地濒危物种名单，发现濒危物种多生长在磷素受限的湿地位点中，增加磷素会降低濒危物种的丰富度和生产力。然而。迄今为止，尚缺乏植物氮磷比与植物密度之间有明确统计关系的案例。

理论分析表明，植物氮磷比能够影响植物密度，尤其在干旱半干旱区。为此，假设：干旱半干旱区，由于植物对磷的消耗，一个种群或一个群落的后期伴随着植被氮磷比的增大过程，较大的植被氮磷比导致植物密度的自疏型衰减，即发生负密度制约。这里，探讨了植被氮磷比化学计量特征变化对半干旱区一个演替系列中植物密度变化的影响，我们的目标是证明植被氮磷比是负密度制约的驱动力。

第二节　方法

所选择的演替系列的前期、中期和后期的植物群落分别是油蒿群落、苦豆子群落和长芒草群落。

油蒿（*Artemisia ordosica*）群落地段土壤属半固定风沙土和固定风沙土，主要伴生植物有虫实（*Corispermum declinatum*）、阿尔泰狗娃花（*Heteropappus altaicus*）、地稍瓜（*Cynanchum thesioides*）、沙地旋复花（*Inula salsoloides*）、草木樨状黄芪（*Astragalus melilotoides*）、披针叶黄华（*Thermopsis lanceolate*）、蒙古韭（*Allium mongolicum*）、赖草（*Aneurolepidium dasystachys*）、拂子茅（*Calamagrosis epigeijos*）、丝叶山苦荬（*Ixeris chinensis*）、雾冰藜（*Bassia dasyphylla*）、猪毛菜（*Salsola collina*）和杨柴（*Hedysarum mongolicum*）等。苦豆子（*Sophora alopecuroides*）群落地段土壤属固定风沙土，主要伴生植物有黄蒿（*A. scoparia*）、华灰早熟禾（*Poa sinoglauca*）、白草（*Pennisetum centrasiaticum*）、赖草（*A. dasystachys*）、砂蓝刺头（*Echinops gmelini*）、灰绿藜（*Chenopodium glaucum*）、尖头叶藜（*Ch. acuminatum*）、砂珍棘豆（*Oxytropis psammocharis*）、蒺藜（*Tribulus terrestris*）、丝叶山苦荬（*I. chinensis*）、狗尾草（*Setaria viridis*）、骆驼蓬（*Peganum nigellastrum*）、蒙山莴苣（*Lactuca tatarica*）、细叶韭（*A. tenuissimum*）、地锦（*Euphorbia humifusa*）、细叶沙生大戟（*E. kozlovi* var. *angustifolia*）和乳浆大戟（*E. esula*）等。长芒草（*Stipa bungeana*）群落地段土壤为淡灰钙土和灰钙土，主要伴生植物有糙隐子草（*Cleistogenes squarrosa*）、华灰早熟禾（*P. sinoglauca*）、甘草（*Glycyrrhiza uralensis*）、蒙古冰草（*Agropyron mongolicum*）、猫头刺（*O. aciphylla*）、草原石头花（*Gypsophila davurica*）、达乌里胡枝子（*Lespedeza davurica*）、短翼岩黄芪（*Hedysarum brachypterum*）、北拟芸香（*Haplophyllum davuricum*）、宿根亚麻（*Linum perenne*）、远志（*Polygagla tenuifolia*）、细叶鸢尾（*Iris tenuifolia*）、冬青叶兔唇花（*Laguchilus ilicifolius*）、二裂委陵菜（*Potentilla bifurca*）和牛心朴子（*Cynanchum hancockianum*）等。

对于油蒿群落，在每个样地分别随机设置一条 50 米样线，在样线的 0 米处、25 米处和 50 米处先各设置一个 4 米×4 米样方，调查样方内油蒿植物的个体数和生物量；然后，在 4 米×4 米样方内再各设置一个 1 米×1 米样方，调查每种草本植物的的个体数和生物量；同时，采集每个样方内每种植物的枝叶样品。对于苦豆子群落和长芒草群落，在每个样地分别随机设置一条 50 米样线，在样线的 0 米处、25 米处和 50 米处先各设置一个 1 米×1 米样方，调查每种草本植物的的个体数和生物量，同时采集每个样方内每种植物的枝叶样品带回实验室。

对烘干后的植物样品进行分析测定。植物氮、磷含量的测定先用浓 H_2SO_4-H_2O_2 消煮法（Bao, 2000）对植物叶片进行消煮，消解后的溶液经过稀释沉淀，取上清液，其中，氮含量通过 SKD-800 凯氏定氮仪进行分析测定，磷含量通过钼锑抗比色法（Bao, 2000）进行分析测定。每个样品测定重复 3 次。

植被氮、磷含量为所调查样方内所有植物的枝叶氮、磷含量的加权平均值，每个物种枝叶生物量为加权因子。计算出植被氮、磷含量后，再计算植被氮磷比。

选用 Shanno-Wiener 指数（H'）表征群落物种多样性，计算公式如下：

$$H' = 3.3219\,(\log_2 N - \frac{1}{N}\sum_{i=1}^{s} n_i \lg n_i)$$

式中：N 为样方内某一物种个体总数；S 为样方内物种数；n_i 为第 i 个物种的个体数。

用 SPSS 20.0 软件对各个变量间的回归显著性进行分析，用 Excel 2016 绘图。

第三节　结果

油蒿群落的植被氮磷比为 11.27±0.97，苦豆子群落的植被氮磷比为 17.08±0.86，长芒草群落的植被氮磷比为 20.84±1.01（表 7-1）。统计中发现，虽然苦豆子是豆科植物，有较强的固氮能力，但在苦豆子群落中，若苦豆子占优势，则有较大的植被氮磷比，反之，若苦豆子不占优势，则有较小的植被氮磷比，最小值为 7.56，最大值为 23.88。

表 7-1　半干旱区演替系列不同阶段植物群落的植被氮磷比的描述统计

物种	观测数	平均	最小值	最大值	极值	标准误差	标准差	峰度	偏度
油蒿	25	11.27	4.93	25.02	20.09	0.97	4.87	2.16	1.34
苦豆子	25	17.08	7.56	23.88	16.32	0.86	4.32	−0.66	−0.35
长芒草	25	20.84	13.34	38.78	25.45	1.01	5.04	5.84	1.71

在植物群落演替前期，油蒿群落的植物总密度与植被氮磷比之间存在显著幂函数回归关系（p <0.05），随植被氮磷比的增加，植物总密度增大（图 7-1）。此时，油蒿群落地上部生物量随植物总密度的增大有增加的趋势，但回归关系不显著（F = 1.274, R^2 = 0.053, p = 0.271）。

在植物群落演替中期，苦豆子群落的植物总密度与植被氮磷比之间没有明显的一致性规律（图 7-2），但此时群落的地上部生物量随植物总密度呈现显著的幂函数回归关系（p<0.5），

随植物总密度的增加而地上部生物量正相关增加（图 7-3）。

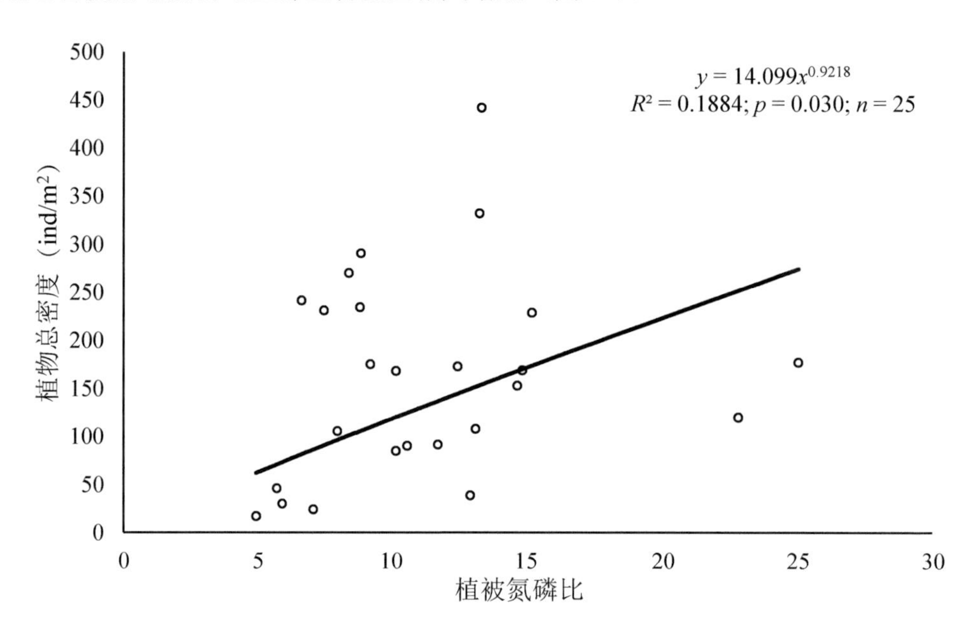

图 7-1　油蒿群落植物总密度与植被氮磷比之间的关系

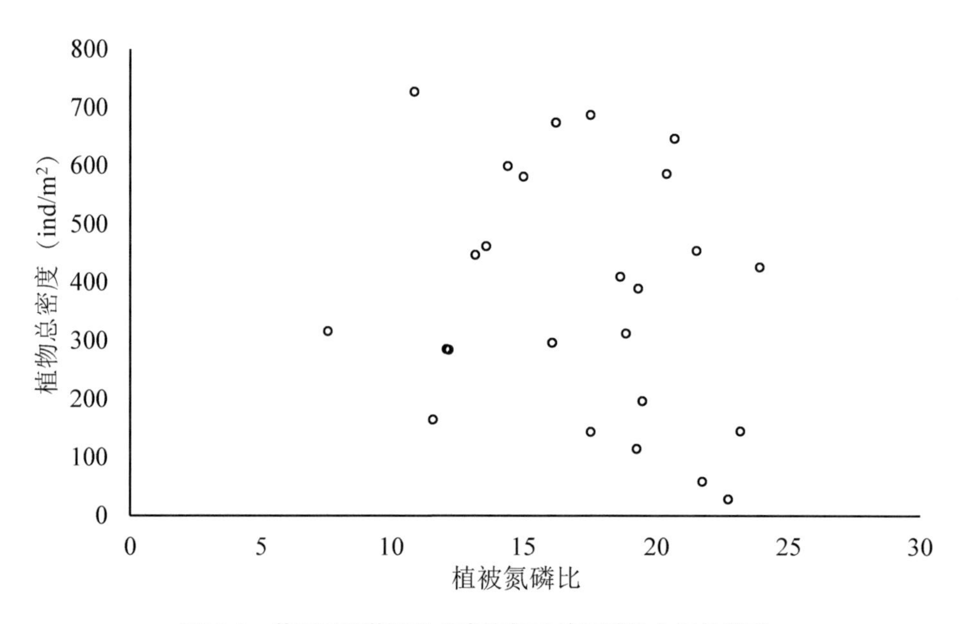

图 7-2　苦豆子群落植物总密度与植被氮磷比之间的关系

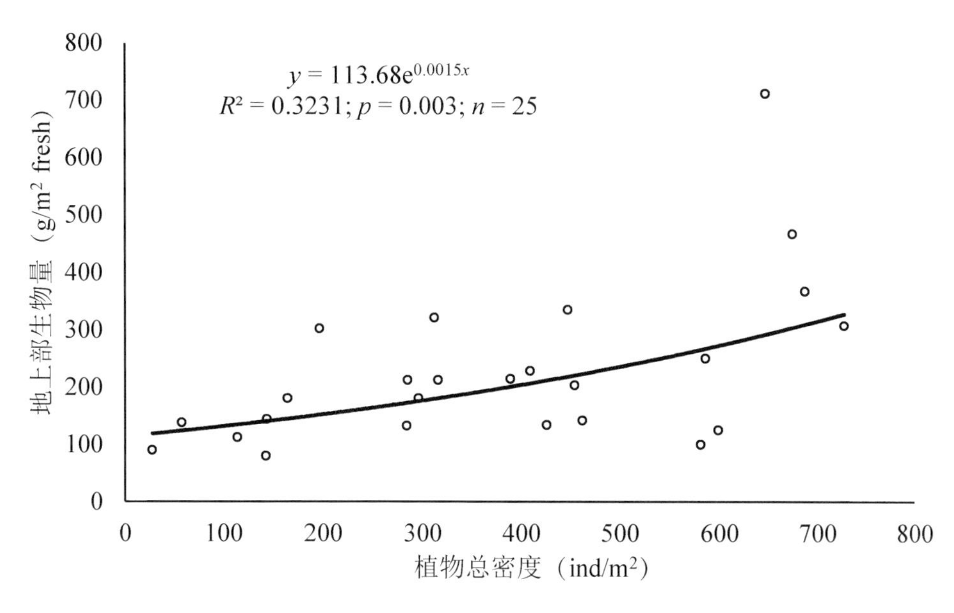

图 7-3 苦豆子群落地上部生物量与植物总密度之间的关系

将油蒿群落和苦豆子群落的植被氮磷比和总密度分别合起来，然后回归，在群落的前中期，植物群落总密度与植被氮磷比呈显著的二次方函数关系，顶点坐标是（16.6, 353.3）（图 7-4）。

在植物群落演替后期，植物总密度与植被氮磷比之间呈现显著的递减的对数负相关回归关系（$p < 0.05$），随植被氮磷比增加，植物总密度逐渐减少（图 7-5）。此时，群落生物量随总密度的增加有减小的趋势但回归关系不显著（$F = 0.843$, $R^2 = 0.035$, $p = 0.368$）。

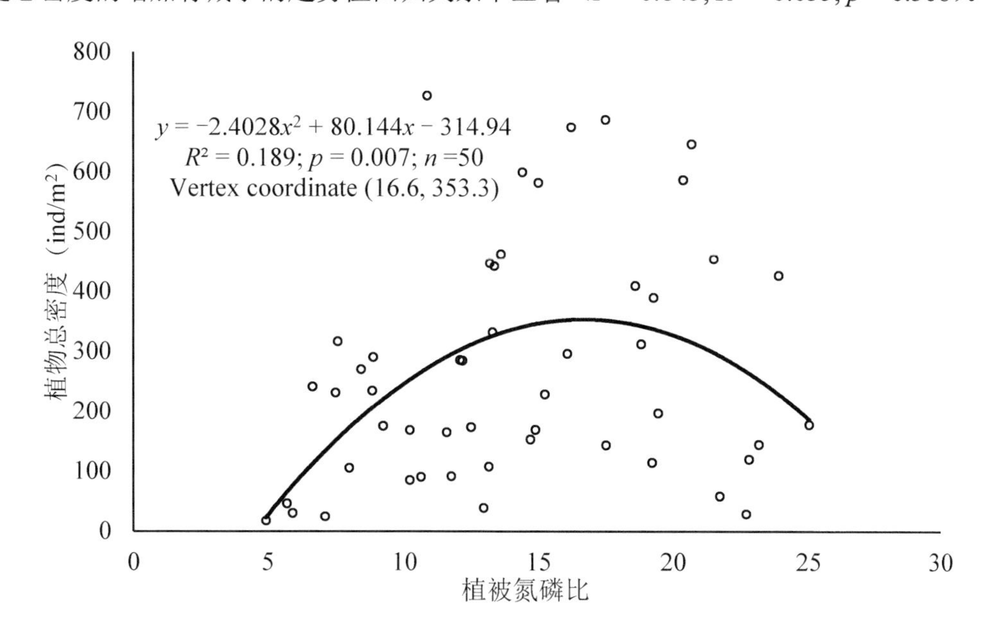

图 7-4 演替前期油蒿群落和演替中期苦豆子群落的植物总密度与植被氮磷比之间的关系

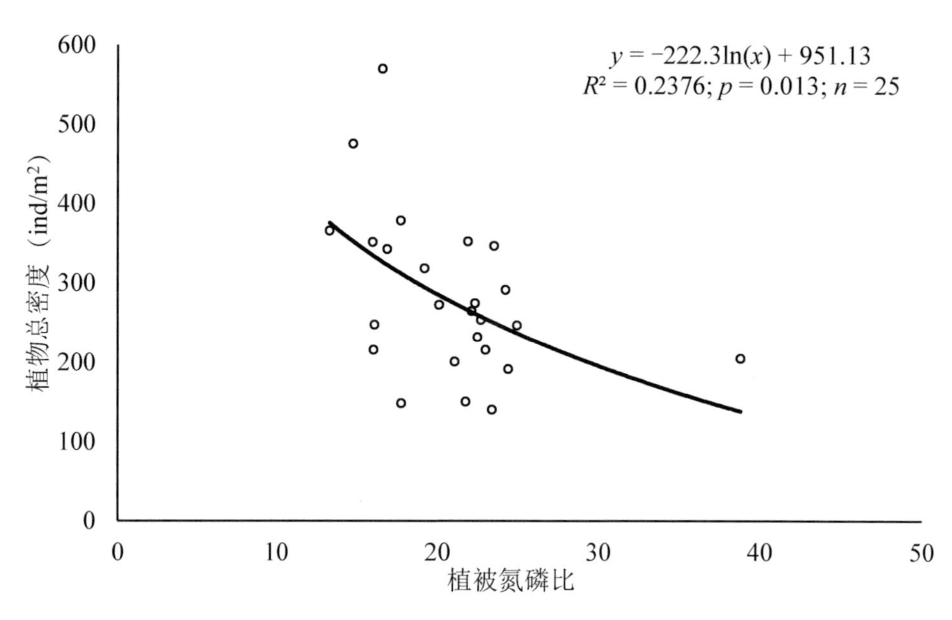

图 7-5　长芒草群落植物总密度与植被氮磷比之间的关系

第四节　讨论

植物氮磷比不仅是分子、细胞、个体、种群、群落和生态系统不同尺度间的一个联系因子（Elser *et al.*, 2000；Sterner & Elser, 2002；Elser & Hamilton, 2007），而且能预测环境的养分供给（Koerselman & Meuleman, 1996）和养分限制动态（Güsewell, 2004；Vitousek *et al.*, 2010；Hu *et al.*, 2018）。养分最先影响生产力，由于物种丰富度总是与生产力相关联（Grime, 2001），植物个体生物量受到一定影响后就会影响植物的密度，因此植物氮磷比也是影响植物密度变化的一个因素。研究结果表明，半干旱区的一个演替系列，演替前期油蒿群落的植物总密度随植被氮磷比的增大而显著增大，演替后期长芒草群落的植物总密度随植被氮磷比的增大而显著减小，这证明植被氮磷比是负密度制约的驱动力。

在自然界中，每一个有机体都不是孤立存在的，它是由许多同种个体组成的种群中的一员。同种的个体对生长、繁殖、存活的条件有着非常相似的要求，但当它们对资源的要求超过资源的供给率时，这些个体就会为争夺资源竞争。植物是固着不动的，受到养分胁迫时，植物生理生化发生变化，植物个体的生物量受到制约，当竞争激烈后养分胁迫加重，一些物种的个体繁殖受到影响乃至发生死亡，就会影响植物的密度。植物氮磷比反映了植物的养分限制（Güsewell, 2004；Vitousek *et al.*, 2010），当养分限制严重时，植物氮磷比不但能影响群落的生产力，也会影响群落的密度，尤其在干旱、半干旱区。

我们的研究结果表明，半干旱区基于沙丘的植物演替，在群落演替早期，随着植被氮磷比的增大，油蒿群落的总密度呈线性正相关增大，但此时油蒿群落生物量随植被氮磷比有增大的趋势但不显著。对于基于沙丘的前期植物群落，土壤氮的变化较为显著而土壤磷变化不明显（He *et al.*, 2016），土壤氮由于大气氮沉降与枯枝落叶分解后有机质转化，土壤氮增加比较迅速，植物体内氮也会相应增加，这导致植物会有较大的氮磷比，但由于基于沙丘的早期植物群落，土壤氮含量非常瘠薄，这导致植物体内氮含量的绝对值也不是太高，因此，油蒿群落总密度随植被氮磷比的增大而增大。到了演替中期苦豆子群落阶段，土壤氮继续累积，土壤磷也开始累积，苦豆子群落总密度与植被氮磷比没有一个明显的统计关系，杂乱无章，但群落的生物量随总密度的增大而显著增大。到了演替后期阶段，由于磷在植物抗旱中的生理生化作用而被大量消耗，植物群落受到了磷的抑制。研究结果表明，到了演替后期长芒草阶段，随植被氮磷比的增大，长芒草群落总密度显著负相关减小，即在演替群落后期阶段显著发生负密度制约。在长芒草阶段，植物群落生物量随植物群落总密度虽有降低的趋势但不显著，这体现了磷的制约。

Koerselam 和 Meuleman（1996）指出，当植被氮磷比小于 14 时，群落水平上的植物生长主要受氮限制；当氮磷比为 14～16 时，受氮、磷共同限制；而氮磷比大于 16 时，植物生长主要受磷限制。本研究结果表明，油蒿群落的植被氮磷比为 11.27±0.97，苦豆子群落的植被氮磷比为 17.08±0.86，长芒草群落的植被氮磷比为 20.84±1.01。这表明油蒿群落受氮限制，苦豆子群落和长芒草群落受磷限制。令人感兴趣的是，在演替系列的前期和中期，植物群落总密度与植被氮磷比呈显著的二次方函数关系，顶点坐标是（16.6, 353.3）。这表明，当植被氮磷比接近 16.6 时，群落会发生负密度制约，即群落发育的中后期，植物生长主要是受磷元素限制，磷元素导致负密度制约。

就种群和群落而言，无论是氮限制还是磷限制（Vitousek *et al.*, 2010），最核心的还是氮磷比限制。例如，我们前期研究表明，在阿拉善荒漠固定沙地上的油蒿群落，在 80 米×80 米样地，调查了 400 个 4 米×4 米样方中的油蒿密度，测定了每个样方 0～20 厘米土层中的全氮和有效磷，将 400 个油蒿密度与土壤氮磷比进行回归，油蒿密度与土壤氮回归不显著，与土壤磷回归也不显著，但与土壤氮磷比呈显著的线性负相关；当取样尺度为 40 米×20 米时，回归结果大体上与在 4 米×4 米的取样尺度下土壤养分与植物密度关系的结果相同（Wu *et al.*, 2009）。这表明氮磷比的影响要胜于单个氮或磷的影响。

负密度制约是自然界中非常普遍的一种现象。影响负密度制约的因素有水分、养分和盐分等，就养分而言，与其说受氮或磷的限制，不如说受氮磷比的限制。我们的研究结果表明，半干旱区植被氮磷比是负密度制约的驱动因子。

总之，植物负密度制约是植物之间以及植物与环境之间相互作用的结果。选择半干旱区一个演替系列，前期、中期和后期阶段植物群落分别是油蒿群落，苦豆子群落和长茅草群落，调查了 225 个样方内各种植物的密度和生物量，测定了每个样方内每种植物的氮和磷的含量，以生物量为加权系数计算了植被氮和磷含量。结果表明，油蒿群落的植物总密度随植被氮磷比的增加而增加，长芒草群落的植物总密度随植被氮磷比的增加而减小，植物群落后期表现出负密度制约。在群落演替阶段的前中期，植物总密度与植被氮磷比之间的二次方函数关系的驻点为（16.6, 353.3），即植被氮磷比大于 16.6，表现为负密度制约。分析表明，这种负密度制约是由于磷限制引起。因此，半干旱区植被氮磷比是负密度制约的驱动力，同时，植被氮磷比是植物群落演替的驱动力。

参考文献

Adams, M. B. , Campbell, R .G., Allen, H. L., *et al.* (1987). Root and foliar nutrient concentrations in loblolly pine : Effects of season, site and fertilization . *Forest Sci.*, 33, 984-996.

Adler, P.B., Smull, D., Beard, K.H., Choi, R.T., Furniss, T., Kulmatiski, A. *et al.* (2018). Competition and coexistence in plant communities: intraspecific competition is stronger than interspecific competition. *Ecol. Lett.*, 21, 1319-1329.

Aerts, R. & Chapin, F. S. III. (2000). The mineral nutrition of wild plants revisited: a re-evaluation of process and patterns. *Adv. Ecol. Res.*, 30, 1-67.

Bagchi, R., Henrys, P.A., Brown, P.E., Burslem, D.F.R.P., Diggle, P.J., Gunatilleke, C.V.S. *et al.* (2011). Spatial patterns reveal negative density dependence and habitat associations in tropical trees. *Ecol.*, 92, 1723-1729.

Bao, S D (2000). *Soil Agro-chemistrical Analysis*. 2nd ed. China Agricultural Press, Beijing (in Chinese)

Bedford, B. L., Walbridge, M. R. & Aldous, A. (1999). Patterns in nutrient availability and plant diversity of temperate North American wetlands. *Ecol.*, 80, 2151-2169.

Chisholm, R.A. & Fung, T. (2018). Comment on: plant diversity increases with the strength of negative density dependence at the global scale. *Science*, 360, 16-19.

Detto, M., Visser, M. D., Wright, S. J. & Pacala, S. W. (2019). Bias in the detection of negative density dependence in plant communities. *Ecol. Lett.*, doi: 10.1111/ele.13372.

Elser, J. J, Sterner, R.W., Gorokhova, E., *et al.* (2000). Biological stoichiometry from genes to ecosystems. *Ecol. Lett.*, 3, 540-550.

Elser, J. J., Hamilton, A. (2007). Stoichiometry and the New Biology: The Future Is Now. *PLoS Biol.*, 5, 1403-1405.

Forrister, D.L., Endara, M., Younkin, G.C., Coley, P.D. & Kursar, T.A. (2019). Herbivores as drivers of negative density dependence in tropical forest saplings. *Science*, 363, 1213-1216.

Fourqurean, J .W., Zieman, J. C. & Powell ,G. V. N. (1992). Phosphorus limitation of primary production in Florida Bay: Evidence from C:N:P ratios of the Dominant Seagrass Thalassia testudinum. *Limnol. Oceanogr. LIOCAH*, 1992, 37, 162-171.

Grace, J. B. (1999). The factors controlling species density in herbaceous plant communities: an assessment. *Perspect. Plant Ecol.*, 2, 1-28.

Grime, J. P. (2001). *Plant Strategies, Vegetation Process, and Ecosystem Properties*. John Wiley & Sons Ltd., Chichester.

Güsewell, S. (2004). N:P ratios in terrestrial plants : variation and functional significance. *New Phytol.*, 164, 243-266.

Güsewell, S., Koerselman, W. & Verhoeven, J. T. A. (2003). Biomass N:P ratios as indicators of nutrient limitation for plant populations in wetlands. *Ecol. Monogr.*, 13, 372-384.

He, J. S., Wang, L., Flynn, D. F. B., Wang, X. P., Ma, W. H. & Fang, J. Y. 2008. Leaf nitrogen: phosphorus stoichiometry across Chinese grassland biomes. *Oecol.*, 155, 301-310.

He, X.D., You, W. X. & Yu, D. (2016). *Ecological restoration theory and vegetation reconstruction technique in Yanchi county of the Ningxia Hui Autonomous Region*. Nankai University Press, Tianjin (In Chinese).

Hille Ris Lambers, J., Clark, J.S. & Beckage, B. (2002). Density dependent mortality and the latitudinal gradient in species diversity. *Nature*, 417, 732-735.

Hu, M. J, Penuelas, J., Sardans, J., *et al.* (2018). Stoichiometry patterns of plant organ N and P in coastal herbaceous wetlands along the East China Sea: implications for biogeochemical niche. *Plant Soil*, 431, 273-288.

Johnson, D.J., Beaulieu, W.T., Bever, J.D. & Clay, K. (2012). Conspecific negative density dependence and forest diversity. *Science*, 336, 904-907.

Johnson, D.J., Condit, R., Hubbell, S.P. & Comita, L.S. (2017). Abiotic niche partitioning and negative density dependence drive tree seedling survival in a tropical forest. *Proc. R. Soc. B Biol. Sci.*, 284, 20172210.

Kellner, J.R. & Hubbell, S.P. (2018). Density-dependent adult recruitment in a low-density tropical tree. *Proc. Natl. Acad. Sci.*, 115, 11268-11273.

Koerselman, W. & Meuleman, A. F. M. (1996). The vegetation N:P ratio: a new tool to detect the nature of nutrient limitation. *J. Appl. Ecol.*, 33, 1441-1450.

LaManna, J.A., Mangan, S.A., Alonso, A., Bourg, N.A., Brockelman, W.Y., Bunyavejchewin, S. *et al.* (2017). Pant diversity increases with the strength of negative density dependence at the global scale. *Science*, 3824, 1-5.

Liebig, J. V. (1840). *Organic Chemistry in Its Application to Agriculture and Physiology*. Taylor and Walton, London.

Liu, G. F., Ye, X. H., Huang, Z. Y., Dong, M. & Cornelissen, J. H. C. (2019).J Leaf and root nutrient concentrations and stoichiometry along aridity and soil fertility gradients. *J. Veg. Sci.*, 30, 291-300.

Matzek, V. & Vitousek P M. (2009). N : P stoichiometry and protein : RNA ratios in vascular plants: an evaluation of the growth-rate Hypothesis. *Ecol. Lett.*, 12, 765-771.

Shaver, G. R. & Chapin, F. S. III. (1995). Long-term responses to factorial NPK fertilizer treatment by Alaskan wet and moist tundra sedge species. *Ecography*, 18, 259-275.

Shelford, V. E. (1913) *Animal Communities in Temperate America as Illustrated by the Chicago region*. University of Chicago Press, Chicago, 326.

Sterner, R. W. & Elser, J. J. (2002). *Ecological stoichiometry: the biology of elements from molecules to the biosphere*. Princeton University Press, Princeton.

Tilman, D. (2000). Causes, consequences and ethics of biodiversity. *Nature*, 405, 208-211.

Venterink, H. O., Wassen, M. J., Verkroost, A. W. M., *et al.* (2003). Species richness-production patterns differ between N-, P-, and K-limited wetlands. *Ecol.*, 84, 2191-2199.

Verhulust, P. F. (1838). Notice sur la loi que la population suit dans son accroissement. *Correspondences Math. Phys.*, 10, 113-121.

Vitousek, P. M., Porder, S., Houlton, B. Z., *et al.* (2010). Terrestrial phosphorus limitation: mechanisms, implications, and nitrogen-phosphorus interactions. *Ecol. Appl.*, 20, 5-15.

Volterra, V. (1926). *Variations and fluctuations of the numbers of individuals in animal species living together*.

Reprinted in 1931. In: R. N. Chapman, *Animal Ecology*. McGraw Hill, New York.

Wu, W., He, X. D., Zhang, N., Wang, H. T. & Ma, D. (2009). Response of plant densities to N/P ratio in soil under *Artemisia ordosica* community in succession. *Acta Pedol. Sinica*, 46, 472-479 (in Chinese with English abstract).

吴征镒. 中国植被. 北京：科学出版社，1995.

张新时. 中国植被及其地理格局：中华人民共和国植被图集 1:1000000 说明书. 北京：地质出版社，2007.

中国科学院内蒙古宁夏综合考察队. 内蒙古植被. 北京：科学出版社，1985.

宁夏农业勘查设计院. 宁夏植被. 银川：宁夏人民出版社，1988.